W0236722

Wir freuen uns über Ihr Interesse an diesem Buch. Gerne stellen wir Ihnen zusätzliche Informationen zu diesem Programmsegment zur Verfügung.

Bitte sprechen Sie uns an:

E-Mail: WALHALLA@WALHALLA.de
http://www.WALHALLA.de

Walhalla Fachverlag · Haus an der Eisernen Brücke · 93042 Regensburg
Telefon 0941 5684-0 · Telefax 0941 5684-111

Cora Besser-Siegmund

Killerphrasen

erkennen

und kontern

So verhandeln Sie noch erfolgreicher
Gezielt trainieren mit der **w**ingw**a**ve®-Methode

5., aktualisierte Auflage

WALHALLA

Bibliografische Information der Deutschen Nationalbibliothek
Die Deutsche Nationalbibliothek verzeichnet diese Publikation in der Deutschen
Nationalbibliografie; detaillierte bibliografische Daten sind im Internet über
http://dnb.dnb.de abrufbar.

Zitiervorschlag:
Cora Besser-Siegmund, Killerphrasen erkennen und kontern
Walhalla Fachverlag, Regensburg 2015

5., aktualisierte Auflage

© Walhalla u. Praetoria Verlag GmbH & Co. KG, Regensburg
Alle Rechte, insbesondere das Recht der Vervielfältigung und Verbreitung
sowie der Übersetzung, vorbehalten. Kein Teil des Werkes darf in
irgendeiner Form (durch Fotokopie, Datenübertragung oder ein anderes
Verfahren) ohne schriftliche Genehmigung des Verlages reproduziert oder
unter Verwendung elektronischer Systeme gespeichert, verarbeitet,
vervielfältigt oder verbreitet werden.
Produktion: Walhalla Fachverlag, 93042 Regensburg
Umschlaggestaltung: grubergrafik, Augsburg
Druck und Bindung: Kessler Druck + Medien GmbH & Co. KG
Printed in Germany
ISBN 978-3-8029-4706-3

WIN-KDM-0415-9130-POD

Schnellübersicht

Wie killen Killerphrasen?

Ist es Ihnen schon einmal wie Herrn Kick ergangen? Er hatte sich wunderbar auf ein Kundengespräch vorbereitet. In Gedanken spielte er noch einmal seine wichtigsten Verkaufsargumente durch. Einigen Familienmitgliedern und einem Freund hatte er sogar einen überzeugenden Probevortrag gehalten. Außerdem fühlte er sich noch durch ein Verkaufstraining gestärkt, in dem ein Kollege im Rollenspiel sämtliche Kundenreaktionen täuschend echt mimte – und er war locker und elegant mit allem fertig geworden. Dann unterhielt er sich gut präpariert in vorbildlicher Körperhaltung mit seinem Kunden, und der erwiderte geringschätzig: „Das ist doch alles Humbug, was Sie da erzählen."

So ein Satz ist einfach unfair. Zumindest kam es Herrn Kick so vor. Das Gespräch lief ganz anders als geplant. „Ich war wie vor den Kopf gestoßen", beschreibt er seine Reaktion, „mein ganzes Konzept war hinüber." So wirken Killerphrasen: Man fühlt sich angegriffen, benommen und weiß nicht, wie es nun weitergehen soll. Natürlich hatte der Kunde keinen Schlagstock geschwungen, um Herrn Kick zu betäuben oder gar zu killen. Er hat lediglich einen kleinen Satz gesagt. Dieser Satz kam in Form von Schallwellen aus seinem Mund. Diese Schallwellen fanden den Weg in Herrn Kicks Ohren. Von dort wurden sie zuverlässig an sein Gehirn weitergeleitet und dort entschlüsselt. Und genau in diesem Organ hat der Satz dann einen Kurzschluss ausgelöst, der vorübergehend die ganze Sammlung an Argumenten vom geistigen Bildschirm löschte.

Gehirn-Sabotage

Die Killerphrase entfaltet ihre Wirkung also im Gehirn. Zum einen provoziert sie eine Stressreaktion, die den Gehirnstoffwechsel schlagartig neu und anders mischt. Dadurch wird die Reizleitung im Denkzentrum blockiert statt gefördert. Und selbst wenn die Stressreaktion überspielbar ist, haben Sie es mit einer weiteren Gehirn-Sabotage zu tun: Die sogenannte Musterunterbrechung vermittelt Ihnen ein Erlebnis innerer Leere, trennt Ihren Gedankenfluss von allen Mentalquellen. Das passiert, wenn Sie sich innerlich fest auf einen konsequenten Ablauf der Ereignisse eingerichtet haben. Konfrontiert man Sie dann mit einer gravierenden Abweichung, steht Ihr Gehirn plötzlich ohne Programm da. In diesem Zustand des Leerlaufs sind Sie wie eine blanke, wehrlose Tafel, auf die jeder seine Informationen schreiben kann. Da Sie Ihren Faden verloren haben, reagieren Sie nur noch mit kraftlosen Scheinantworten.

In dieser Verfassung können Sie sich als „gekillt" betrachten – natürlich im übertragenen Sinne. Kurz darauf erwachen Sie wieder zum Leben. Die Gedanken kehren zurück, Sie begreifen, was passiert ist, und plötzlich fallen Ihnen Dutzende von Möglichkeiten ein, wie Sie anders hätten reagieren und argumentieren können. Nur ist das Gespräch jetzt gelaufen, der Kunde ist weit weg, Sie sitzen schon lange wieder allein im Auto, im Büro oder haben Feierabend. Es ist zu spät.

Dabei müssen Killerphrasen nicht einmal „Killerwörter" wie beispielsweise das Wort „Humbug" enthalten. Oft lösen scheinbar ganz harmlose Sätze die Wirkung einer Killerphrase in uns aus. So erleben einige angehende Versicherungsvertreter das gefürchtete Kurzschlusserlebnis schon, wenn der Kunde oder die Kundin nur sagt: „Ich bin schon versichert", oder: „Mein Mann ist nicht da." Sie werden bei der Lektüre genauestens kennenlernen, warum ein so simpler Satz auch einem gut trainierten Verkäufergehirn zu schaffen machen kann.

Denn wenn Sie den Phrasenzauber durchschauen können, haben Sie schon halb gewonnen. Daher werden Sie in diesem Buch zunächst einige wichtige „Daten" über Ihr Gehirn erfahren und über seine Möglichkeiten, Sprache wahrzunehmen, zu produzieren und zu verarbeiten. Sie lernen nonverbale Möglichkeiten kennen, um das Gehirn Ihres Kunden auf eine positive Wellenlänge Ihnen gegenüber einzustellen. Dann können Sie sich im Phrasen-Kickspiel fit machen, um in Zukunft flexibel und in guter Kondition auf alle möglichen Phrasen zu reagieren.

Dieses Buch ist kein Ersatz für ein fundiertes Verkaufstraining, das Sie mit den üblichen Kundeneinwänden vertraut macht. Diese Einwände sind meist sehr berechtigt und werden von den Kunden überwiegend in sachlicher oder höflicher Form vorgetragen. In der Regel hat der erfahrene Verkäufer dann auch eine Reihe von

Argumenten gegenüber den Kundeneinwänden parat, die die Verkaufsspirale aktiv und erfolgreich beleben.

In diesem Buch geht es um unvorhergesehene, manchmal sogar unfaire Phrasen, die einem seriös denkenden und handelnden Verkäufer schlichtweg „den Stecker ziehen" können.

Kommunikation vs. Manipulation

An dieser Stelle möchte ich auf den Verkaufsrahmen aufmerksam machen, in dem der Buchinhalt seine Wirkung entfalten sollte. Selbstverständlich gibt Ihnen dieses Buch die Möglichkeit, Ihren Gesprächspartner mittels Kommunikation zu bewegen. Es kann sein, dass er Meinungen und Überzeugungen ändert, plötzlich begeistert kauft, was er vorher für unnütz hielt, sich für Fragen interessiert, die ihn vor der Begegnung mit Ihnen gelangweilt haben. Das wäre schön, denn schließlich wollen Sie auch verkaufen. Das ist Ihr Job, davon leben Sie. Seit Tausenden von Jahren setzen die Menschen Verkaufskünste ein, um ihre Waren und Dienstleistungen anzubieten. Das ist legitim und ehrenvoll – wenn ihre Produkte in Ordnung sind. Nur dann ist Verkauf auch Verkauf. Bieten Menschen einander zweifelhafte oder unbrauchbare Produkte an, muss man eher von *Manipulation* sprechen. Es ist die schlechte Absicht, die aus der schönsten Kommunikationskunst Manipulation macht.

Als seriöser und erfahrener Verkäufer würden Sie schon deshalb qualitativ gute und für Ihre Kunden und Käufer nützliche Produkte verkaufen, weil Sie an einem soliden und langjährigen Kundenstamm interessiert sind. Gute Verkäufer raten im Einzelfall einem Kunden sogar von Produkten ab, weil sie langfristig Unzufriedenheit bei ihm vermeiden wollen. Sie wollen, dass der Käufer noch lange nach der Kaufentscheidung glücklich und zufrieden mit der neuen Errungenschaft ist, ja vielleicht sogar stolz auf sie.

Würde ein fragwürdiger Gebrauchtwagenhändler mithilfe des im Buch beschriebenen Phrasen-Kickspiels wissentlich ein angeblich intaktes Auto mit Getriebeschaden verkaufen, hätte er gewiss keinen begeisterten Kunden gewonnen, der ihn dann weiterempfehlen würde. Der Schaden des Kunden würde langfristig zum Bumerang für den angeblichen Verkäufer. (Aber diese Ausführungen sind so selbstverständlich, dass man dem nichts hinzufügen muss.)

Ich habe aber auch schon Verkäufer erlebt, die gar nicht verstanden haben, wie gut und wertvoll ihr Produkt oder ihre Dienstleistung für die Kunden ist. Sie hielten ihr Angebot für minderwertig, unbedeutend oder uninteressant, weil sie es sich selbst nicht kaufen würden und die Kaufwünsche anderer Menschen nicht begreifen können. Dabei entstehen teilweise völlig absurde Situationen: So musste eine meiner Kundinnen eine skeptische Reisebüro-Mitarbeiterin regelrecht davon überzeugen, dass sie eine lange herbeigesehnte Karibikreise buchen wollte. „Das war Verkauf rückwärts", berichtete die angehende Urlauberin später. Die Dame vom Reisebüro hatte verschiedene Bedenken: „Da wollen Sie tatsächlich hin? Das wird Ihnen bestimmt keinen Spaß machen – so allein, als Frau. Und die anstrengende Reise." Schließlich buchte sie seufzend und unüberzeugt die von ihr beanstandete Reise für meine Kundin. Aber dieser Fall ist ein Extrembeispiel. Denn jeder gute Verkäufer weiß, wie wichtig es ist, das eigene Produkt wirklich zu schätzen und von seinem Nutzen für andere wirklich überzeugt zu sein.

Nun gibt es aber auch Personen, die folgende Einstellung vertreten: „Ich möchte auf keinen Fall eine Kommunikationskunst erlernen, weil ich andere Menschen nicht manipulieren will." Das ist so, als würde eine Mutter den Lehrer bitten: „Ich möchte, dass Sie mein Kind vom Mathematikunterricht befreien, denn es soll später kein Scheckbetrüger werden." So entgeht dem Kind ein wertvolles und wichtiges Werkzeug, um das eigene Leben erfolgreich und zufriedenstellend zu gestalten.

Paul Watzlawick, der bekannte Kommunikations-Psychologe, hat einmal gesagt: „Man kann nicht nicht kommunizieren." So gibt es beispielsweise Menschen, die mit unschuldigem Blick fragen: „Was wollt ihr nur alle von mir – ich habe doch gar nichts gesagt." Sie registrieren nicht, dass auch das Nicht-Sagen oder Schweigend-in-der-Ecke-Stehen bei den anderen Gefühle und Emotionen auslöst. Folglich haben sie doch etwas getan: Sie haben sehr wohl kommuniziert. Vielleicht haben sie sogar manipuliert – ohne es zu wissen.

Erfolgreich verkaufen

Ob mit oder ohne Kommunikationstraining, ob als Privatmensch oder Verkäufer: Sie werden in anderen Menschen immer etwas bewegen. Es ist viel gefährlicher, so zu tun, als sei man wirkungslos und harmlos, als für sein Auftreten und Kommunizieren bewusst und wissentlich die Verantwortung zu übernehmen.

Dieses Buch ist – natürlich in Kombination mit praktischem Training – für Sie ein nützliches berufliches Handwerkszeug. Mit seinen Kommunikationsstrategien behalten Sie einen klaren Kopf, können flexibel und kreativ Gespräche führen, können sich gegen Ungerechtigkeit und Unverschämtheit schützen, das Kommunikationsverhalten Ihrer Mitmenschen durchschauen und erfolgreich verkaufen. Die Killerphrasen wirken nicht mehr.

Vor allem werden Sie entdecken, wie viel Spaß Verkaufsgespräche machen, wenn Verkaufskommunikation erst einmal eine Ihrer liebsten Sportarten geworden ist. Herr Kick sagt heute: „Seitdem ich das Phrasen-Kickspiel beherrsche, freue ich mich sogar über besonders komplizierte Gesprächssituationen. Ich komme mir wie ein Detektiv vor, der einfach nicht die Finger von einem Fall lassen kann, bis er geklärt ist. Früher bin ich oft mit Magenschmerzen aus einem schwierigen Gespräch gegangen, heute habe ich das beschwingende Gefühl, ein gutes Match gespielt zu haben."

Apropos Spaß – Sie werden oft feststellen, dass das Buch mit Humor und viel „Augenzwinkern" geschrieben ist. Das ist natürlich beabsichtigt.

Ich wünsche Ihnen viel Spaß beim Lesen und Ausprobieren und viel Erfolg beim Verkaufen.

Cora Besser-Siegmund

Unser Gehirn:
Der ideale Partner für erfolgreiche Gespräche

1

Daten und Fakten

Neurowissenschaftler sind sich sicher: Unser Gehirn wurde insbesondere dafür entwickelt, sich mit anderen Menschen unterhalten zu können. Sprache ist eine grundlegende Eigenschaft des Menschen, deren Besitz uns von allen anderen Lebewesen unterscheidet. Sprache revolutionierte unsere Entwicklung. Zusammen konnten die Menschen erfolgreich jagen, bauen, Pläne für die Zukunft schmieden oder Religion gestalten.

Sprache dient somit von der Ursprungs-Motivation her eher der Verständigung sowie Organisation des Miteinanders und erst in zweiter Linie dem Zweck, einen Kommunikationspartner mithilfe einer Killerphrase „sprachlos" zu machen. Doch auch hier wird Ihr Gehirn zum idealen Verbündeten, wenn es um Schlagfertigkeit und Kreativität in der Gesprächsführung geht. An dieser Stelle ist es sinnvoll, sich mit ein paar „Daten" und Funktionen vertraut zu machen, die Ihnen dabei helfen können, auch beim wildesten verbalen Schlagabtausch innerlich cool und erfinderisch zu bleiben. Lassen Sie einfach die folgenden Punkte einmal auf sich wirken:

- Das menschliche Gehirn besitzt mindestens 100 Milliarden Gehirnzellen. Etliche Forscher gehen sogar von einer Billion Zellen aus. Würden die Zellen eines einzelnen menschlichen Gehirns hintereinander aufgereiht, ergäbe sich eine Strecke von der Erde bis zum Mond.

- Ein Baby muss im Mutterleib bis zum Zeitpunkt seiner Geburt über neun Monate pro Sekunde mindestens 4 000 Gehirnzellen gebildet haben, damit es dann als neuer Erdenbürger auch tatsächlich über eine Billion Gehirnzellen verfügt.

- Jede Gehirnzelle bildet Nervenenden aus. Auf diese Weise hat sie – ungefähr im 20. Lebensjahr – Kontakt zu jeweils 10 000 anderen Gehirnzellen. So beträgt die Anzahl der Vernetzungsstellen ungefähr 100 Milliarden hoch 10. Würde man diese Verbindungsmöglichkeiten aneinanderhängen, ergäbe sich bei einem einzelnen Gehirn eine Strecke, die 26-mal so lang ist wie die Entfernung zwischen Erde und Mond.

- Die Verbindung zwischen den Nervenenden der Gehirnzellen nennt man Synapsen. Das Gehirn kann die durch synaptische

Verbindungen geschalteten Programme jahrelang stabil auf-rechterhalten – beispielsweise die Bedeutung von Wörtern und Sätzen einer Sprache.

Zu viel Stress schadet

1

Trotz dieser faszinierenden „Daten" kann es passieren, dass das „Wunderwerk Gehirn" nicht mehr schnell und effektiv genug re-agiert, wenn wir uns von einem Killerwort oder einer Killerphrase wie „ausgeschaltet" fühlen. Und in der Tat: Unser Großhirn, Sitz des Verstandes, stellt seine hoch-kreative Arbeit ein, wenn wir uns übermäßig gestresst fühlen.

Dies ist ein Überbleibsel aus der Steinzeit. Um überleben zu kön-nen, musste das denkende, rechnende, Sprache produzierende Großhirn ausgeschaltet werden, sobald eine Gefahr im Anmarsch war. Man stelle sich vor, es raschelt im Gebüsch, wir drehen uns um und vor uns steht ein riesiger Bär. Allzu langes Nachdenken oder gar Fachsimpeln mit anderen wäre in einer solchen Situation wenig hilfreich. Jeder Moment könnte der letzte sein.

In dieser Situation – so meint unsere Biologie – ist es sehr wich-tig, dass wir höchstens einen Gedanken haben, der da lautet: „Schnell weg hier!" Der muss blitzartig einschlagen und den Kör-per von null auf hundert in Bewegung versetzen – das wäre die Angstreaktion. Ist das Gegenüber kein Bär, sondern ein Feind des Nachbarstamms, gibt es die Alternative: „Hau ihn k. o., bevor er dich angreift!" Und auch hier wird das Denkhirn zugunsten der „sprechenden Fäuste" ausgeschaltet. Das mag im Neandertal sinn-voll gewesen sein – im Verkaufsgespräch oder in einem wichtigen Meeting hingegen kann ein ausgeschaltetes Großhirn sehr unan-genehme Folgen haben: Man fühlt sich sprichwörtlich „kopflos".

Insofern ist es schon ein wenig komisch, dass wir ausgerechnet die Wortgewandtheit auch als „Schlagfertigkeit" bezeichnen – denn gerade die körperliche Kampfbereitschaft kann dazu führen, dass der Sprachfluss versiegt. Allerdings gibt es die wirksame Selbstcoa-ching-Methode wingwave, die Ihnen hilft, Ihre Sprachgeschicklich-keit auch im verbalen „Schlagabtausch" spielend beibehalten und einsetzen zu können. Mehr dazu finden Sie in Kapitel 2.

Das Großhirn: Sitz des Verstandes, aber leider recht stressanfällig

1 Natürlich arbeitet das Gehirn – unser wichtigstes Organ – Tag und Nacht ohne Unterlass für die Organisation und den Erhalt all unserer Lebensfunktionen. Und es nimmt alle Sinnesreize auf, die uns von außen erreichen: Sehen, Hören, Fühlen, Riechen und Schmecken. Normalerweise zeigen sich in allen Gehirnbereichen gleichmäßig verteilte Aktivitäten. Bei emotionalem Stress hingegen können die einzelnen Bereiche gravierende Aktivitätsunterschiede aufweisen. Um die Konsequenzen dieses Stress-Effekts zu verstehen, schauen Sie sich einmal die folgende Grafik an. Der „graue Bereich" stellt unser Großhirn – auch Cortex genannt – dar.

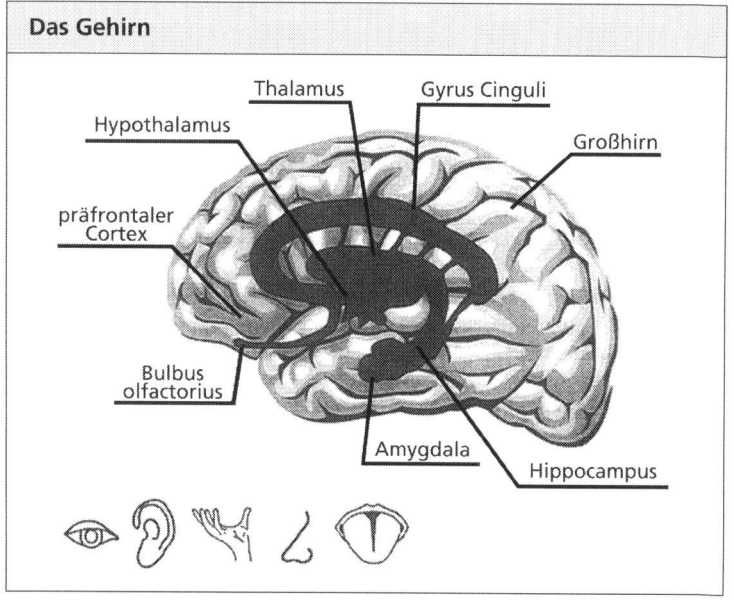

Quelle: Besser-Siegmund C./Siegmund H.

Wie schon erwähnt: Das Großhirn ist neurobiologisch betrachtet die „Krone der Schöpfung", es ist verantwortlich für die biologische Einzigartigkeit des Menschen. Dieser Bereich ermöglicht unser Denken, Sprechen, Rechnen, Zeiterleben, unsere Kreativität und Wertewelt und es organisiert die feinmotorischen Abläufe in unserem Körper. Man nennt den Cortex auch den „Sitz der Vernunft". Vor allem der präfontale Cortex sortiert unsere Erlebnisse nach verschiedenen Kriterien – auch nach „gut und schlecht", „richtig und falsch" oder „wichtig und unwichtig".

1

Wenn wir nur mit unserem Cortex arbeiten könnten, wäre der Umgang mit Killerphrasen in jeder Situation spielend leicht. In diesem Fall würden wir auf der sachlichen Ebene bleiben und unser bestes Argument präsentieren. Oder wenn ein Killerwort wie „Unfug" fällt, würde unser Großhirn einfach melden: „Dieses Wort ist inadäquat, wir können ganz ruhig bleiben, denn wir wissen ja, dass unser Angebot seriös, solide und wertvoll ist." Aber so einfach ist das nicht, wenn plötzlich allzu starke Emotionen das Denk- und Sprechvermögen überfluten und uns „kopflos" machen. „Was bildet der sich ein", können wir gerade noch denken, bevor uns die Welle der Empörung erfasst.

In einem solchen Zustand hat die Vernunft keinerlei Chance. Wann immer ein Mensch von Emotionen überrollt wird, hat der Verstand keinen Einfluss mehr. Stellen Sie sich vor, jemand hat große Angst vor Spinnen – und diese Person lebt in Deutschland. Da könnte man sich doch ganz einfach nett zusammensetzen und erklären, dass man in Deutschland keine Angst vor Spinnen haben muss, da die Tierchen hier völlig ungiftig und damit harmlos sind. Aber würde das Gespräch nützen? Natürlich nicht. Unser Gegenüber würde uns zwar verstehen, im nächsten Moment aber das Weite suchen, sobald eine Spinne unter dem Vorhang hervorkriecht – als hätten wir das Gespräch nie geführt. Die Verantwortung für diese Übermacht der Emotionen trägt ein ganz bestimmter Teil des Gehirns, das sogenannte limbische System (siehe Grafik, dunkel eingefärbter Bereich unter dem Großhirn).

Sprachlos oder redelustig: Das limbische System

Emotionswellen werden somit nicht vom Großhirn organisiert, sondern von einem anderen Teil des Gehirns: dem limbischen System, das umgangssprachlich auch „Emotionshirn" genannt wird. Alles, was Sie für den Einsatz Ihrer Redekunst über das limbische

System wissen müssen, ist folgende Tatsache: Das limbische System reagiert bei allen ankommenden Erlebnissen zuallererst, sprich immer bevor der Verstand – das Großhirn – von der Sache etwas erfährt. Und gerät das Emotionshirn bei einem kleinen Wort in Aufruhr, ist es für den Verstand zu spät und nahezu chancenlos, cool und eingeschaltet zu bleiben. Es gibt Gehirnscan-Aufnahmen, die deutlich zeigen, dass das Sprachzentrum (in der linken Großhirnhälfte) seine Aktivitäten völlig herunterfährt, sobald es zu einer Stress-Reaktion kommt. Aus diesem Grund heißt es auch: „Ich bin sprachlos", „Mir fehlen die Worte", „Mir fiel die Kinnlade herunter".

Wenn Stress über das gesunde Maß hinausgeht, reagiert im limbischen System zeitgleich die sogenannte Amygdala. Davon gibt es gleich zwei, sie werden auch als Mandelkerne bezeichnet. Die Amygdala ist die Alarmanlage unserer gesamten Neurobiologie. Hier wird darüber entschieden, ob wir bei Stress „kopflos" werden oder unser Großhirn eingeschaltet bleibt. Das ist nicht nur in Gesprächen wichtig, sondern beispielsweise auch beim Sport. Hier gilt es als die große Kunst, eine sportliche Spitzenleistung mit „eingeschaltetem Großhirn" zu erbringen. Nur so kann der Sportler genau zielen, strategisch denken und planen und seine Körperkräfte punktgenau einsetzen. Aus diesem Grund trainieren asiatische Kampfsportler immer die Kombination aus Körperbeherrschung und Meditation.

Sprachmuffel und Sprachgenies

Beim Thema Sprachgeschicklichkeit spielt das limbische System eine herausragende Rolle. Wenn Schüler eine Sprache sehr ungern lernen, sie nicht mögen und die Klausuren dazu immer mit Angst und Aversionen assoziieren, leuchtet im Gehirnscan die Amygdala, sobald man die Schüler mit Wörtern oder Sätzen der ungeliebten Sprache konfrontiert. Hier verwundert es nicht, wenn sie innerhalb dieser Sprache keine „Redekunst" entwickeln können, denn „Angst erzeugt einen kognitiven Stil, der […] das lockere Assoziieren erschwert", schreibt der Gehirnforscher Manfred Spitzer zu diesem Thema und fährt dann fort: „Daraus folgt: Was immer an gelerntem Material im Mandelkern landet, wird beim Abruf dafür sorgen, dass eines genau nicht möglich ist: der kreative Umgang mit diesem Material" (Manfred Spitzer: Lernen und Denken – Motivation, Innovationen – Für das Leben lernen – aber wie? In: Zeitschrift Tiefbau, Ausgabe 02/2004). Und kreatives Assoziieren und Ideenfülle ist nun einmal die beste Ausrüstung für jeden Redekünstler.

1

Wenn Menschen allerdings eine Sprache sympathisch finden, sich gern und gewandt in ihr ausdrücken, dann leuchtet im Gehirnscan ein anderer Bereich des limbischen Systems: der sogenannte Hippocampus. Das Einspeichern von als inspirierend empfundenen Wörtern erfolgt demnach im Emotionsgehirn an einem bestimmten Platz. Ist dies der Fall, löst das eingespeicherte Material Kreativität und vor allem einen besonders guten Zugriff auf das Langzeitgedächtnis aus. Deshalb können positiv „aufgeladene" Redner oder Diskussionsteilnehmer auch besonders gut auf eine Fülle von überzeugenden Argumenten zurückgreifen, der Speicherort „Hippocampus" bringt die guten Ideen zum Sprudeln. Denn dieser organisiert auch die langfristige Lernleistung unseres Gehirns. Der Hippocampus ist so eine Art Zwischenlager für alle eintreffenden Informationen, die von hier aus über Wochen und Monate in das Langzeitgedächtnis im Großhirn eingewoben werden.

Interessant ist die subjektive Bewertung eines „inspirierenden" Wortes. Denn damit sind keinesfalls nur liebliche Begriffe wie Frieden, Liebe oder Erfolg gemeint. Auch das Wort „Mord" kann dazugehören – denken Sie dabei nur an Miss Marple, die bekannte Hobby-Detektivin. Ihre Augen beginnen jedes Mal zu leuchten, sobald sie von einem Mord hört, ihr Gehirn arbeitet auf Hochtouren und sie ruht nicht eher, bis sie den Mörder gestellt hat. Das Wort inspiriert ihre Kreativität und sorgt bei ihr für einen regelrechten Tatendrang. Sie krempelt die Ärmel hoch und verfolgt trickreich ihr Ziel. Gleichzeitig aber verurteilt sie einen Mord auf der Werte-Ebene als äußerst verwerfliches Verbrechen. Dieser „Miss Marple-Effekt" ist letztlich das Geheimnis derjenigen Menschen, die „nicht auf den Mund gefallen" sind und Killerphrasen als sportliche Herausforderung sehen. Der „Miss Marple-Effekt" lässt sich in einem einfachen Selbstcoaching-Programm mithilfe der wingwave-Methode aktivieren. Anschließend können Sie mit einer guten inneren Balance in herausfordernde Gespräche gehen.

Das Coaching-Konzept wingwave

2

Wie wirkt wingwave-Coaching?

Die wingwave-Methode ist ein besonders effektives Emotions-Coaching, das spürbar schnell und nachhaltig Stress abbaut und Kreativität, Mentalfitness und Konfliktstabilität steigert. Erreicht wird dieser Ressourcen-Effekt mithilfe einer einfach erscheinenden Grundintervention: dem Erzeugen „wacher" REM-Phasen (**R**apid **E**ye **M**ovement), welche wir sonst nur im nächtlichen Traumschlaf durchlaufen. Heute weiß man aus der Schlafforschung, dass Menschen ihre Tageserlebnisse und die damit verbundenen Emotionswellen im Traumschlaf verarbeiten. Dabei zeigen die Augen ein rasantes Bewegungsmuster. Das brachte Psychologen und Traumatherapeuten in den 90er-Jahren auf eine interessante Idee. Sie wollten wissen, was passiert, wenn man diese schnellen Augenbewegungen tagsüber gewollt als Stress-Löser einsetzt. So begann man, den Klienten vor den Augen hin- und herzuwinken, um wie bei einer Art Nachhilfe den „lebhaften Blick" zu erzeugen. Dabei dachten die Klienten gleichzeitig an ihr persönliches Stressthema.

Die Ergebisse waren überzeugend und anhaltend: Stressauslöser wie beispielsweise bestimmte Gedanken oder spezifische Situationen werden mittels der „wachen REM-Phasen" auf der limbischen Ebene, sprich im Emotionszentrum des Gehirns, reguliert. Man vermutet, dass bei dem Vorgehen die beiden Gehirnhälften dazu motiviert werden, koordiniert zusammenzuarbeiten. So kommen auch weit auseinanderliegende Gehirnareale in einen geordneten Kontakt, was zu einem verbesserten Assoziationsvermögen, Ideenreichtum und somit zur Überwindung von Emotionsblockaden führt. Wegen dieser stabilisierenden und auch leistungssteigernden Wirkung kommt diese Methode mittlerweile in vielen Bereichen zum Einsatz: Künstler, Sportler, Schüler, Auszubildende und Studenten wissen die Vorteile des wingwave-Coachings zu nutzen, aber auch Zahnärzte verwenden sie für ihre Angstpatienten. Sogar Feuerwehrleute vertrauen auf die stresslindernde Wirkung der wingwave-Musik (siehe Abschnitt „Selbstcoaching mit der wingwave-Musik").

Der Flügelschlag eines Schmetterlings ...

Der Name der wingwave-Methode geht zurück auf die Metapher vom Flügelschlag eines Schmetterlings, den sogenannten „wing beat", der auf dem nächsten Kontinent einen ganzen Wirbelsturm auslösen kann. Maximale Wirkung durch minimalen, dafür aber punktgenauen Einsatz, so die Devise. Der Wortbestandteil „wave" bezieht sich auf den englischen Begriff „brainwave", was so viel bedeutet wie „Geistesblitz, tolle Idee". Mithilfe der wingwave-Methode lassen sich diese „brainwaves" derart zielgenau erzeugen, dass Menschen im richtigen Augenblick auf sie zurückgreifen können. Denn wer kennt das nicht: Der Schüler weiß zu Hause all seine Vokabeln auswendig – in der Prüfung aber sind sie wie weggeblasen. Der Sportler erzielt im Training seine persönliche Höchstleistung – aber leider nicht im Wettkampf. Und wir alle haben tolle Gesprächsargumente parat – die uns jedoch während eines Verkaufsgesprächs plötzlich nicht mehr einfallen wollen. Erst im Flur oder im Fahrstuhl sind sie wieder da – zu spät! Punktgenaues Coaching mit wingwave hilft dabei, in wichtigen Situationen bestimmte Fähigkeiten zuverlässig abrufen zu können.

Besonders hilfreich für den punktgenauen Erfolg im Einzel-Coaching ist der sogenannte „Myostatiktest". Dieser gut erforschte Muskeltest dient beim Coaching als Kompass für das Auffinden des individuellen Stress-Themas und zudem als Check für den Coaching-Erfolg. Dazu formt der Klient Daumen und Zeigefinger zu einem festen Ring und der Coach testet durch Gegenziehen die Power der Fingerkraft. Fällt diese schwach aus, hat man es mit einer Stressreaktion zu tun. Ist das Gegenteil der Fall, sagt uns der Test, dass der Klient das Thema jetzt verkraften, bewältigen oder sogar positiv bewerten kann.

In verschiedenen Universitätsstudien konnte gezeigt werden, dass wingwave-Coaching in nur zwei Interventionsstunden Prüfungs- und Redeangst in Zuversicht, Begeisterung und Entschlossenheit verwandeln kann. Sportliche Leistungen werden besser und das sogenannte „Unfall-Gedächtnis" kann nachhaltig beruhigt werden.

Weltweit arbeiten bereits mehrere Tausend Coaches mit der wingwave-Methode. Viele von ihnen haben sich auf bestimmte Zielgruppen oder Gebiete spezialisiert wie etwa Kinder, Sportler,

Business oder Gesundheit, um nur einige Beispiele zu nennen. Auf der Homepage www.wingwave.com finden Sie die Namen zahlreicher Coaches. wingwave ist übrigens keine Psychotherapie und kann eine solche nicht ersetzen.

Selbstcoaching mit der wingwave-Musik

2 Neben den wachen REM-Phasen werden beim wingwave-Coaching als Intervention auch andere Verfahren genutzt, die das optimale Zusammenspiel aller Gehirnzellen gezielt ansprechen und die sehr gut für ein wingwave-Selbstcoaching genutzt werden können. Dies gilt auch für die speziell komponierte wingwave-Musik, die mit abwechselnden links-rechts Klängen im Ruhepuls-Takt des Herzens arbeitet. Studienergebnisse zeigen, dass der Puls bei Sportlern, die während einer körperlichen Leistungsphase wingwave-Musik hören, deutlich niedriger ist als beim Training ohne Musik. Und auch klassische Mozart-Musik wirkt weniger beruhigend als die wingwave-Musik. Die speziell komponierte wingwave-Musik lässt sich sehr gut für ein persönliches Ressourcen-Selbstcoaching nutzen. Dabei rufen Sie gezielt positive Emotionen in sich hervor, um sie dann im körperlichen und mentalen Erleben einzuweben – etwa für die professionelle Gesprächssituation. Bei diesem Selbstcoaching entfaltet sich die Wirkung der wingwave-Methode nicht mittels schneller Augenbewegungen, sondern infolge einer auditiven Intervention, sprich über den Gehörsinn.

Die wingwave-Musik wirkt neben ihren ausgleichenden, positiven Melodien vor allem mit einem links-rechts-Takt, der über Kopfhörer die beiden Gehirnhälften abwechselnd auditiv „berührt" und so eine optimale Zusammenarbeit aller Hirnareale zum Schwingen bringt, ähnlich wie beim REM. Im Hintergrund sind beruhigende Naturgeräusche zu hören, angenehme oder auch inspirierende Klänge. Der Rhythmus ist immer „andante" – so wie der Herzschlag im Ruhezustand. Das alles zusammen senkt messbar das Erregungsniveau des Nervensystems, was die folgende Grafik wiedergibt. Sie zeigt eine Hautwiderstandsmessung mit dem Gerät Porta-Bioscreen an der linken und rechten Hand eines Probanden. Nach drei Minuten Hören sinkt das Erregungsniveau, die beiden Kurven synchronisieren, was auch auf eine optimale Einschwingung in der Zusammenarbeit der Hirnhälften hinweist.

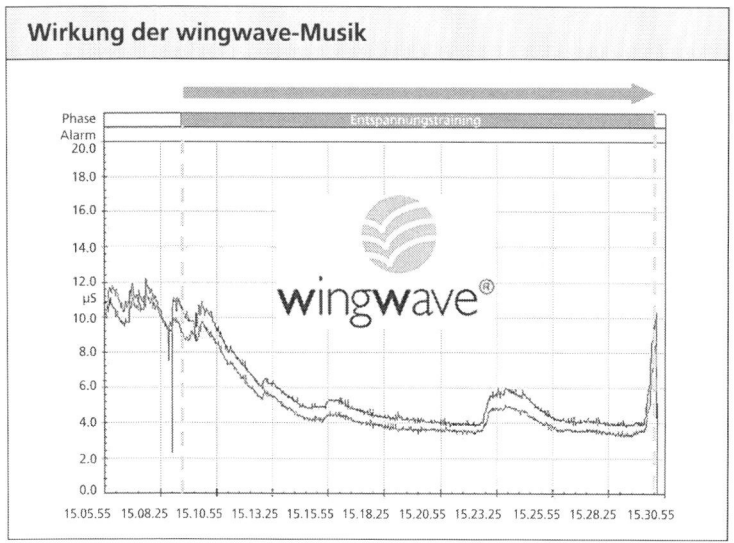

Wirkung der wingwave-Musik

2

Höchstes kreatives Potenzial: Unser Hörsinn

Laut neueren Erkenntnissen über die Neurophysiolgie des Hörens macht es besonders Sinn, ein wirkungsvolles Selbstcoaching wie auch Coachingprozesse zwischen Coach und Coachee mit dem Einsatz von Tönen und Klängen zu unterstützen. Unser Hörsinn gilt nach heutigem Stand der Gehirnforschung als die Wahrnehmungseinheit mit dem höchsten kreativen Potenzial. Hier laufen nach dem Eintreffen eines Sinnesreizes weitaus mehr Verschaltungen zwischen den Gehirnhälften ab als beispielsweise beim Sehen. Deshalb sind wir in der Lage, lediglich aufgrund eines Geräusches zu sagen, ob kaltes oder warmes Bier in ein Glas eingeschenkt wird – machen Sie den Test! Dies ist nur möglich, weil wir über ein hoch entwickeltes Assoziationsnetzwerk verfügen. Und tatsächlich läuft ein eintreffender Hörreiz bis zu achtmal zwischen den Hirnhälften hin und her, bevor er sich in unser Bewusstsein begibt. „Was der

Hörcortex höheren Hirnzentren meldet, wird beeinflusst von dem, was der Hörcortex selber von den höheren Hirnzentren erfährt. Es sind Wechselspiele und Wechselwirkungen, die einen ins Staunen versetzen können" (Regina Ohler: Vom Schall zum Sinn – die Neurobiologie des Hörens, hr2 Funkkolleg extra vom 13. Juli 2013).

Die hier erwähnte Wechselwirkung erfolgt zwischen den zwei Hörzentren, auch Hörcortex genannt. Diese Hörzentren sind für die verschiedenen Interpretationen von Hörreizen zuständig: die linke Seite für die inhaltliche Bedeutung (Was?) und die rechte Seite für die Interpretation der Botschaft (Wie?). Wird ein schlichtes Ja freundlich, genervt oder gelangweilt ausgesprochen? Mithilfe des Links-Rechts-Takts der wingwave-Musik lässt sich dieses Wechselspiel gezielt ansteuern und ermöglicht so eine schnelle Assoziation von Wahrnehmung mit neuen Ideen, weiterführenden Bedeutungen und veränderten Gefühlen. So setzen wir die wingwave-Musik sogar in kreativen Team-Meetings ein: Während einer Unterhaltung läuft im Hintergrund leise die Musik. Das führt beispielsweise zu einer deutlich wahrnehmbaren Beschleunigung von Brainstorming-Prozessen in der Gruppe.

Um die wingwave-Musik besser kennenzulernen, finden Sie unter www.wingwave-shop.com ein von mir selbstgestaltetes Demo-Musikstück. Es trägt den Titel „feelwave" und steht kostenlos zum Download zur Verfügung. Das Stück läuft über acht Minuten und lässt sich in diesem Zeitrahmen bereits sehr gut für ein Ressourcen-Selbstcoching nutzen. Oder Sie laden sich die Gratis-wingwave-App auf Ihr Smartphone. Auch hier gibt es ein Musikstück und zusätzlich das Magic-Words-Trainingsprogramm, bei dem sich der bereits geschilderte „Miss Marple-Effekt" im Gedankenspiel mit Schlüsselwörtern trainieren lässt.

Selbstcoaching-Übungen

Die folgenden Übungen, die speziell zur Vebesserung Ihrer Redegeschicklichkeit beitragen und für ein stabiles Nervenkostüm im Profi-Gespräch sorgen sollen, basieren auf der bereits erwähnten wingwave-Musik. Das Basis-Musikstück „feelwave" (zum Gratis-Download) eignet sich bereits ausreichend für die hier beschriebenen Übungen.

Erinnern Sie sich an die Stress-Messung: Nach zwei bis drei Minuten sinkt beim Hören der wingwave-Musik der Stress-Pegel deutlich. Deshalb empfehle ich Ihnen, vor jeder Mental-Übung zwei bis drei Minuten lang wingwave-Musik zu hören und sich dann mit dem Gesprächstraining zu befassen. Sie können die wingwave-Musik aber auch „einfach so" zum Relaxen und Träumen benutzen.

Klarer Kopf bei Killerphrasen

2

Vorbereitung: Schreiben Sie zehn Killerphrasen und/oder Killerwörter auf. Dabei kann es sich um reale Erlebnisse aus der Vergangenheit handeln oder um mögliche kritische oder vernichtende Bemerkungen, die Sie befürchten, z. B.: „Das ist ja alles Humbug!" Stellen Sie sich passend dazu einen Menschen vor, den Sie schon erlebt haben oder den Sie sich als kontroversen Gesprächspartner gut vorstellen könnten. Legen Sie den Zettel mit den Aufzeichnungen beiseite, gehen Sie für zwei bis drei Meter auf Abstand und setzen Sie sich die Kopfhörer auf. Nun ertönt die wingwave-Musik mit ihren typischen links-rechts-Klängen, nach und nach senkt sich das Erregungs-Level auf einen angenehmen Ruhezustand.

1. Nach drei Minuten hören Sie in Ihren Körper hinein und nehmen die angenehme, beruhigende Resonanz der Musik wahr.

2. Nehmen Sie einen Zettel zur Hand. Lesen Sie ganz langsam Satz für Satz, Wort für Wort. Wenn Sie allein sind, sprechen Sie die Sätze und Wörter langsam und laut vor sich hin.

3. Fühlen Sie die Gelassenheit, die sich mit dem Lesen oder Sprechen dieser Wörter und Sätze einstellt: Die Muskeln werden locker, der Atem wird ruhiger, das Großhirn ist „eingeschaltet" und sorgt für viele erhellende Ideen.

4. Durchlaufen Sie diese Übung zwei, drei Mal. So kann sich Ihre Neurobiologie daran gewöhnen, dass das Großhirn bei den beschriebenen Arten von Killerphrasen oder -Wörtern kreativ und erfinderisch reagiert.

Butterfly-Technik

Die eingangs erwähnte Übung können Sie auch mit einer Klopf-technik kombinieren, wenn Sie keine Musik dabei haben. Dazu kreuzen Sie einfach die Arme vor der Brust und klopfen sich dann abwechselnd mit den Fingerspitzen sanft auf die Schultern, je zwei Tapps pro Sekunde. Dies wirkt ebenfalls beruhigend. Den Zettel mit den Killerphrasen und Stress-Wörtern legen Sie dabei einfach vor sich auf einen Tisch.

Wirkung von Selbstcoaching-Büchern vertiefen

Diese Übung ist ganz einfach: Hören Sie über Kopfhörer wing-wave-Musik, während Sie ein Selbsthilfe-Buch oder einen Rat-geber lesen, beispielsweise dieses Buch, das Sie jetzt in Händen halten. Das leise Hören der Musik steigert Ihre Konzentration, Ihr Aufnahmevermögen und damit die positive Mental-Wirkung der Buchinhalte.

Steigerung des allgemeinen Wohlgefühls

Ein Hinweis vorab: Sollten Sie mit dem Demo-Stück „feelwave" arbeiten, drücken Sie auf Ihrem Gerät einfach die Repeat-Taste (Wiederholung). So erreichen Sie eine Laufzeit von 16 Minuten; aber auch acht Minuten reichen schon für die folgende Übung.

1. Nehmen Sie eine bequeme Körperhaltung ein und lauschen Sie der wingwave-Musik zunächst ein bis zwei Minuten mit geschlossenen Augen.

2. Öffnen Sie nun wieder die Augen und schauen Sie sich um. Suchen Sie nach irgendeiner Kleinigkeit in der Umgebung, die Sie gern anschauen oder die Sie an etwas Positives er-innert: eine Blume, eine Wolke am Himmel oder einfach ein Farbklecks, der Ihnen gefällt – und sei es auch nur eine tür-kisfarbene Büroklammer, deren Farbe Sie an das Meer in der Karibik erinnert. Blicken Sie auf den Gegenstand und füh-len Sie gleichzeitig in Ihren Körper hinein: Wo genau spüren Sie die positive Resonanz dieser Wahrnehmung, an welcher Stelle Ihres Körpers merken Sie, dass Sie diesen Anblick ge-nießen?

- Kopf, Hals, Nacken
- Schultern, Arme, Hände
- Brustkorb
- Bauch
- Beine, Füße

3. Halten Sie die Augen geschlossen und fühlen Sie in den positiv berührten Körperbereich hinein. Wie angenehm fällt die Empfindung für Sie auf einer Skala zwischen 0 und +10 aus? Eine ungefähre Einschätzung genügt.

2

4. Sie können abwechselnd auf Ihren Körper blicken und nachspüren und dann die Augen wieder schließen und diese Wellness-Resonanz der Wahrnehmung nachfühlen. So verstärken Sie die Resonanzwellen zwischen der angenehmen Wahrnehmung und dem Körperecho.

5. Ihre Augen sind nach wie vor geschlossen. Spüren Sie dem Wellness-Empfinden weiter nach. Im Hintergrund hören Sie das typische „Ding-Dong-Geräusch" der wingwave-Musik. Sie merken, wie sich die Intensität des positiven Empfindens allmählich steigert und ausbreitet – und sei es nur ein weiterer halber Punkt mehr auf der Skala.

6. Spüren Sie dem positiven Gefühl weiter nach. Stellen Sie sich vor, die Wellness-Resonanz wirkt wie eine Quelle in Ihrem Körper. Wie und in welcher Richtung breitet sich die Wirkung aus:

- nach allen Seiten gleichzeitg, in eine Richtung, gerade, in Kreisen?
- fließend, wie in Wellen?
- ausstrahlend?
- über die Haut, innerlich über die Nervenbahnen und Meridiane, über den Blutkreislauf?

Setzen Sie die Übung fort, bis sich die Wellness-Resonanz mindestens um einen Punkt gesteigert hat. Genießen Sie die Wirkung, solange sie Ihnen gut tut.

Satzstrukturen:
Der perfekte Kompas im Gesprächsdschungel

3

Auswege aus dem Kommunikationsdilemma

Ein Satz kann – mit ein wenig Know-how – Auswege aus einem Kommunikationsdilemma aufzeigen.

So gibt es laut Richard Bandler und John Grinder, Begründer des NLP (Neuro-Linguistisches Programmieren), eine „wohlgeformte" Satzstruktur und demgegenüber „semantische Verletzungen", die die Satzaussage verfälschen, vertuschen, ungenau werden lassen. Die beiden NLP-Begründer nennen dabei drei Hauptgruppen von semantischen Verletzungen:

- Tilgen
- Generalisieren
- Verzerren

Diese drei Gruppen werden auch Wahrnehmungsfilter genannt. Die Filter sind identisch mit den Möglichkeiten des Gehirns, aus wahrgenommenen Sinnesinformationen subjektive Wirklichkeit zu entwickeln. Im Gespräch wird dann die subjektive als objektive Wirklichkeit „verkauft". Lesen Sie nun einige Satzbeispiele, die Rückschlüsse auf die einzelnen Wahrnehmungsfilter zulassen.

Tilgung

Dabei wird einfach ein wichtiger Satzteil weggelassen. Der Gesprächspartner kann sich den fehlenden Rest hinzudenken. Im Buch nennen wir den fehlenden Rest ein Satzgespenst. Ein Kunde könnte beispielsweise sagen:

„Ich dachte eigentlich, Sie würden mir ein besseres Angebot machen."

Hier wird ein vergleichendes Adjektiv benutzt: „besseres". Bei Vergleichen muss jedoch auch angegeben werden, mit was oder wem hier verglichen wird. Dieser Satzbezug wurde einfach ausgelassen.

Es gibt somit noch keinen Grund, den Satz als feststehende Information hinzunehmen und sich davon treffen zu lassen.

Man kann jedoch den Kunden bitten, sich genauer auszudrücken und den Satzbezug zu nennen: „Was verstehen Sie unter besser?" oder „Womit vergleichen Sie mein Angebot jetzt?" Allein diese

Entgegnungen erhalten bereits die Gesprächsschleife aufrecht. Der Kunde kann (und muss) nun seine Position genauer erklären, der Verkäufer kann gezielter auf ihn eingehen.

Generalisierung

„Das ist doch alles Humbug!"

Dieser Satz enthält offensichtlich eine Generalisierung. Das Wort „alles" macht geradezu aus allem alles. Das gilt ebenfalls für Wörter wie „jeder", „keiner", „immer", „nur" usw. Wenn Sie nicht aufpassen, kann eine solche Generalisierung die sorgfältigsten Vorbereitungen zunichte machen. Erkennen Sie jedoch, dass Ihr Gegenüber subjektiv in einer unangemessenen Verallgemeinerung gefangen ist oder diese benutzt, um nicht näher auf Sie eingehen zu müssen, können Sie die Generalisierung knacken, indem Sie genau nachfragen:

„Wie meinen Sie das genau?" oder

„Können Sie mir ein Beispiel nennen?"

Auf diese Weise erhalten Sie die Gesprächsschleife aufrecht. Oft bekommen Sie auch überraschende Hinweise über den Generalisierungs-Auslöser.

Verzerrung

Hier wird beispielsweise aus einer Mücke ein Elefant gemacht. Zum Beispiel so:

„Wo soll ich denn mit derartig riesigen Mengen hin?"

Allerdings kann auch der Elefant zur Mücke werden:

„Und so einen winzigen Preisnachlass nennen Sie ein Entgegenkommen?"

Verzerren heißt demnach über- oder untertreiben. Erneut empfehle ich Ihnen als Einstiegstipp: Fragen Sie genau nach, um als Gesprächspartner wieder Boden unter den Füßen zu bekommen.

Die beiden NLP-Trainer Robert Dilts und Todd Eppstein haben auf der Grundlage von Bandlers und Grinders Erkenntnissen über die enge Korrespondenz zwischen neuronalen Filtern und der Grammatik unserer Sprache das Kommunikationstraining „Sleight of Mouth" (S. O. M.) entwickelt, was im Deutschen wohl am treffendsten mit „Schlagfertigkeit und Verhandlungsgeschick" übersetzt werden kann. Das Phrasen-Kickspiel in diesem Buch (s. Kapitel 6) basiert auf den Techniken, die diese beiden NLP-Trainer entwickelt haben.

Die Struktur der Phrase: Einfach simpel!

Phrasen sind eigentlich nur simple Sätze. Diese Sätze können sein:

- Behauptungen

- Glaubenssätze

- Bewertungen

- Schlussfolgerungen

- Meinungen

Vereinfacht arbeitet die Phrase mit folgendem Grundmodell:

	verursacht	
	bedeutet	
A	ist gleichzusetzen mit	B
	ist (im Sinne von Bewertung)	
	hat die Eigenschaft	

Überwiegend geht es darum, A und B rhetorisch elegant voneinander zu trennen.

Im Phrasen-Kickspiel lernen Sie verschiedene Möglichkeiten kennen, auf solche Satzkonstruktionen flexibel zu reagieren, eine Antwort zu geben, die die Gesprächssituation wieder nach allen Seiten hin öffnet, kurzum: Wie man den Spuk beenden kann.

Selbstverständlich gibt Ihnen das Phrasen-Kickspiel verschiedene Möglichkeiten, um jede Satzkombination Ihres Gegenübers zu erschüttern.

Sie können beim Phrasen-Kickspiel vereinzelt auch auf taube Nüsse mit faulen Kernen stoßen, was für Sie jedoch nur von Vorteil sein kann. Sie können so die guten von den weniger guten Kunden unterscheiden und Ihre Verkaufsenergien gezielter bündeln. Denn das Phrasen-Kickspiel eignet sich auch hervorragend, um echtes von vorgetäuschtem Kaufinteresse zu unterscheiden.

3

Die nonverbale Kommunikation

4

Schon halb gewonnen

Als Verkäufer wissen Sie schon lange, dass ein Mensch nicht nur über die Sprache kommuniziert. Wir sind schließlich keine Roboter, sondern lebende Wesen, die sich auch mithilfe körperlicher Signale ausdrücken. Wörter und Sprache sind in unserem Gehirn untrennbar mit Gefühlen, Reaktionen und Gesten verknüpft. Egal ob wir auf Äußerliches reagieren oder einem inneren Gedanken nachhängen: Der Körper spielt immer mit. Jeder kennt den Pantomimen, der nur mit Gestik und Mimik „erzählt". Und wir verstehen intuitiv sehr genau, um was es dabei geht.

Das ist auch kein Wunder, denn wir alle haben die Körpersprache in unserem Leben vor der Wortsprache erlernt. Schon Säuglinge erleben ganz sensibel den Gesichtsausdruck der Eltern oder auch die Tonlage, in der sie sprechen. Sie reagieren deutlich positiv auf ein Lächeln und deutlich beunruhigt auf heruntergezogene Mundwinkel. Später wird dann die Wortsprache in unserer Wahrnehmung so dominant, dass wir die Körpersprache übersehen und manchmal sogar wieder neu verstehen lernen müssen.

Gerade im Verkauf geben Ihnen die nonverbalen Signale Ihres Gegenübers wertvolle Hinweise. Sie können Ihre Gesprächsführung darauf individuell abstimmen und schnell eine nonverbale positive Wellenlänge aufbauen. Sie können rechtzeitig unbewusste Zustimmung und Ablehnung erkennen und spontan angemessen auf diese Signale reagieren. Wenn Sie die Feinheiten nonverbaler Kommunikation beherrschen, haben Sie im Gespräch schon halb gewonnen.

Daher gebe ich Ihnen in diesem Kapitel eine ausführliche Einführung in das Erfolgskonzept der nonverbalen Kommunikation, bevor Sie sich im verbalen Phrasen-Kickspiel trainieren. Sehen Sie sich zunächst die verschiedenen Ausdrucksmöglichkeiten der Körpersprache an.

Ausdrucksmöglichkeiten unserer Körpersprache

Atmung

- Tempo
- Atemtiefe

Muskelspannung (stark oder locker)

- Mimik

- bestimmte Körperregionen (z. B. Schulterpartie)

Puls

- Tempo (Beobachtung möglich an Stirn- oder Halsschlagader, Wippen des Unterschenkels bei übereinandergeschlagenen Beinen)

Pupillen

- weit

- eng

Körperhaltung

- Körpersymmetrie

- gerade oder gebeugt

Körperbewegung

- individuelle Bewegungen wie Nicken, Fußwippen, Daumenwackeln

Stimme

- Sprechtempo

- Satzmelodie

- Tonhöhe

- Lautstärke

4

Ihr Gegenüber: Das unbekannte Wesen

Einerseits ist die Beschäftigung mit der Körpersprache eine große Chance für erfolgreiche Verkaufsgespräche. Andererseits birgt dieses Thema aber auch die Gefahr, dass Sie sich bei Ihrem Gegenüber völlig verschätzen. Diese Gefahr entsteht, wenn Sie sogenannten „Körpersprache-Katalogen" Glauben schenken. Denen zufolge sollen beispielsweise verschränkte Arme Ablehnung bedeuten, eine gekrauste Stirn Skepsis, das Balancieren mit dem Po auf der Stuhlkante soll angeblich sogar Fluchttendenzen Ihres

Gegenübers verraten. Doch so simpel ist die Sache mit der Körpersprache nicht.

Jeder Mensch hat im Laufe seines Lebens eine eigene Körpersprache entwickelt. Einer unserer Seminarteilnehmer erinnerte sich daran, wie gern er seinen Großvater in dessen Schrebergarten besuchte. Diese Besuche zählten zu seinen schönsten Kindheitserlebnissen. Im Garten also saß der Opa meist recht zufrieden auf einer kleinen Holzbank gemütlich unter einem Apfelbaum – und zwar mit verschränkten Armen. Und es macht auch Sinn, beim gemütlichen Sitzen oder Stehen die Arme zu verschränken: Auf diese Weise funktioniert die Blutzirkulation in Händen und Fingern beim Stillhalten spürbar angenehmer. Lässt man die Hände allzu lange herunterhängen, schlafen die Finger leichter ein.

4

Unser Seminarteilnehmer hatte nun seit frühester Kindheit die Geste mit den verschränkten Armen als Ausdruck von Gemütlichkeit und Freiheit abgespeichert. Denn bei dem Opa durfte er viele Dinge, die zu Hause verboten waren. Die Geste ist bei ihm somit neuronal mit einem Gefühl von Wohlbehagen verankert. Nun stellen Sie sich folgende Situation vor: Unser Mann lässt sich in einem Autohaus einen Wagen vorführen. Jedes neue Detail, das der Verkäufer ihm erklärt, steigert sein Interesse. Er malt sich schon so richtig aus, wie er mit diesem Wagen in den Urlaub fährt – und verschränkt bei dieser angenehmen Vorstellung die Arme. Der Autoverkäufer aber bekommt einen gewaltigen Schreck: Der Kunde zeigt Ablehnung! Der Verkäufer reagiert deutlich verunsichert. In dieser Verfassung registriert er gar nicht mehr den freundlichen Gesichtsausdruck des Kunden oder die positive Tatsache, dass dieser sein Körpergewicht plötzlich gleichmäßig auf beide Beine verlagert hat (weshalb dies ein positives Signal ist, erkläre ich später). Der Kunde hingegen wundert sich, warum der Verkäufer plötzlich so seltsam wird. Im schlimmsten Fall verspielt der Verkäufer seine gute Chance.

Missverständnisse bei der Körpersprache

Ähnliche Körpersprache-Missverständnisse können sich bei der Mimik ergeben. Tragischerweise neigen kurzsichtige Menschen dazu, die Augen zusammenzukneifen, wenn sie sich besonders konzentrieren wollen. Ob nun mit oder ohne Brille – sie haben sich diese Mimik-Reaktion aufgrund der speziellen Sehschwäche einfach angewöhnt. Wenn sich ein Kurzsichtiger ganz besonders für Ihre Ausführungen interessiert, wird er das auf seine spezielle Art auch in der Mimik zeigen. Die meisten Menschen setzen jedoch eine „verkniffene" Augenpartie mit Skepsis und Missbilligung gleich. Schon wieder besteht die Gefahr, dass das Interesse des Käufers oder Kunden als Ablehnung verkannt wird.

Entsprechend falsch interpretieren kann man auch den „Stuhlkanten-Sitzer", wenn man ihm Fluchttendenzen unterstellt. Vielleicht leidet er unter Hämorrhoiden und hält – ganz anders als vermutet – krampfhaft durch, weil er Ihre Ausführungen so interessant findet.

Halten Sie sich in Ihrer Beurteilung der Körpersprache also offen, wenn Sie einem Menschen neu begegnen. Sie kennen ihn nach ein paar Minuten oder Sekunden noch nicht gut genug, um seine Körpersprache sofort analysieren zu können. Versuchen Sie einfach, wertfrei zu beobachten. Viel wichtiger als das Gesten- oder Mimik-Deuten ist die Atmosphäre, die Sie aktiv zwischen Ihnen und Ihren Kunden und Käufern aufbauen. Lernen Sie, auf ganz unterschiedliche Körpersignale positiv zu reagieren und sich flexibel anzupassen. Denn es gibt glücklicherweise auch bei dem unbekanntesten Menschen eine große Chance, die Sie in jedem Gespräch haben: nämlich die eigene Körpersprache. Anstatt wie hypnotisiert auf die gefürchteten Anzeichen von angeblicher Ablehnung zu warten, können Sie Ihren eigenen Körper aktiv einsetzen, um Ihren Gesprächspartner mit nonverbalen Möglichkeiten positiv zu stimmen. Lesen Sie im nächsten Kapitel, wie Sie mithilfe dieser eigenen Ressourcen ganz bewusst und schnell eine positive Wellenlänge zu ganz verschiedenen Menschen herstellen können.

4

Die positive Wellenlänge: So „funkt" es richtig!

Auf einer großen Party können Sie intuitiv erraten, ob die Personen in den verschiedenen Gruppen um Sie herum einen „guten Draht" zueinander haben oder nicht, ohne dass Sie inhaltlich die ausgetauschten Worte und Sätze verstehen müssen. Kommunikationspartner drücken ihre „Wellenlänge" über ähnliche Impulse in der Körperhaltung (Nähe, Distanz, „Köpfe zusammenstecken" usw.) und in der Sprache (Sprachtempo, Lautstärke) aus. Wir nennen die „gute Wellenlänge" in diesem Training Rapport.

Rapport ist meist automatisch vorhanden, wenn sich zwei Gesprächspartner spontan sympathisch finden. Wenn Sie im Verkauf überwiegend mit professioneller Kommunikation arbeiten, werden Sie einer solchen Vielfalt von Mitmenschen begegnen, dass nicht bei jedem Kontakt spontan der Rapport garantiert ist. Oft sind Sie darauf angewiesen, den Rapport in der Kommunikation erst einmal herzustellen, denn er ist die absolute Voraussetzung für eine gelungene zwischenmenschliche Kommunikation. Denken Sie nur an Ihren PC, den Sie erst „laden" müssen, bevor er Ihre Tastenkommunikation „versteht". Um wie viel mehr ist dies dann bei einem kommunikativen Wesen wie dem Menschen erforderlich! Mit dem Rapport „laden" sich die Menschen für ihre Kommunikation. Denken Sie dabei an Rituale wie Händeschütteln, gegenseitiges Begrüßungsnicken, Volkstanz usw.

Sie können mit der Körpersprache oder der Stimme erstaunlich viel dazu beisteuern, auch mit Ihrem Temperament, mit fremden Menschen eine „gute Wellenlänge" herzustellen. So können Sie Ihre Stimme in Tonalität, Melodie, Rhythmus, Lautstärke und Tempo anpassen. Kopfbewegungen, Körperhaltung, Atemfrequenz und Gestik lassen sich angleichen, um unbewusst empfundene Übereinstimmung herzustellen.

Der übliche Small Talk

Wir nennen den Small Talk auch gern den Rapport-Talk, da sich beispielsweise bei einem Geschäftsessen Gespräche über das Wetter, Hobbys, die Familie usw. hervorragend zum Aufbau von Rapport eignen. Üben Sie sich im Angleichen an ganz verschiedene Gesprächspartner. Sprechen Sie in deren Atemrhythmus, und kopieren Sie auch ihre Körperhaltung. Schon nach wenigen Minuten können Sie zum Wellenlängen-Test übergehen: Verändern Sie beispielsweise die Sitzhaltung; folgt Ihr Gegenüber dieser Veränderung, haben Sie die gute Wellenlänge hundertprozentig hergestellt.

Es empfiehlt sich, mit wichtigen Verhandlungen und Gesprächen erst dann zu beginnen, wenn der Rapport sichergestellt ist. Sie erkennen Rapport – wie gesagt – daran, dass alle an der Kommunikation beteiligten Personen im Trend gleich agieren: gemeinsames Lachen, gleichzeitiges Wechseln der Sitzhaltung usw. Das bewusste Aufnehmen von Rapport wird daher als Pacing bezeichnet, was so viel bedeutet wie „im Schritt mitgehen". Wenn bei einem gezielten Pacing der gute Rapport etabliert wurde, können Sie in der Kommunikation in die Phase des Leading – des Führens – übergehen: Sie dürfen Ihrer „natürlichen Art" wieder freien Lauf lassen. Der Kommunikationspartner wird Ihnen nun auf der Basis des Rapports folgen, und es wird sich im weiteren Verlauf unbewusst und automatisch ein für beide Seiten positiver Kommunikationsstil-Kompromiss ergeben. So ersparen Sie sich und anderen ein unbewusstes „Power-Play" zwischen zwei unterschiedlichen Temperamenten. Ihr Gesprächspartner fühlt sich nun unbewusst auf „gleicher Wellenlänge" mit Ihnen. Er findet Sie sympathisch und gibt Ihnen gern einen „Kommunikationskredit". Sie brauchen in der Regel übrigens nur zwei bis drei Minuten zu pacen, um dann zum Leading überzugehen. Dabei müssen Sie auch nicht permanent auf die positive Wellenlänge achten. Es reicht, wenn Sie alle paar Minuten den nonverbalen Kontakt wieder intensivieren.

4

Wenn Sie Ihre Kunden häufig – vielleicht sogar über Jahre hinweg – sehen, kann der gute Rapport auch in schwierigen Zeiten wertvoll sein. Liegen zwei Menschen auf einer guten Wellenlänge, neigen sie nämlich dazu, bei Fehlern oder „Schnitzern" des anderen ein Auge zuzudrücken. Reklamationen werden im Rahmen einer guten Wellenlänge wesentlich nachsichtiger vorgetragen, als wenn kein oder nur ein sehr geringer Rapport besteht. Fehlt der Rapport, wird Ihr Kunde schon auf kleinste Fehler von Ihnen oder Ihrem Unternehmen aggressiv und fordernd reagieren.

Hinweise für einen guten Rapport

- Gleichzeitiges Lachen über dieselben Inhalte
- „Körperballett"
  - gleiche Körperhaltung
  - gleichzeitiges Wechseln der Körperhaltung

- Übereinstimmende Gestaltung von räumlicher Nähe/Distanz
- Gemeinsamer Impuls, in gleicher Augenhöhe zu kommunizieren
- Ähnliche Art zu sprechen
- (wichtig bei Telefonkontakt)
  - die Stilart des Sprechens
  - (z. B. Dialekt oder Hochdeutsch)
  - Tonhöhe und Satzmelodie gleichen sich an
- Besprochene Inhalte bleiben im Gedächtnis
- Versöhnlicher Umgang mit „Schnitzern"
  - z. B. falsch ausgesprochener Name

4

Verschiedene nonverbale Temperamente

Auf den folgenden Seiten stelle ich Ihnen eine Reihe von verschiedenen nonverbalen Temperamenten vor, die Ihre Kunden im Kontakt mit Ihnen zeigen können. Ich gebe dazu einige Tipps für das Pacing und Leading sowie Hinweise auf spezielle Chancen und Gefahren für den Rapport mit den jeweiligen Personen. Sicherlich werden Sie beim Lesen feststellen, dass Ihr eigener Typ mit einigen Temperamenten sehr gut zurechtkommt, andere Ihnen jedoch zum Problem werden könnten. Finden Sie für sich heraus, an welchen Punkten Sie noch an sich arbeiten könnten, um noch flexibler zu werden.

Der Schnellredner

Wie das Wort schon sagt: Er hat grundsätzlich ein schnelles Sprechtempo. Das heißt nicht, dass er nicht zuhören kann. Er legt durchaus auch Pausen des Nachdenkens ein – natürlich nur kurze. Aber wenn die Sätze fließen, tun sie das in einer hohen Geschwindigkeit. Mimik und Gestik können recht temperamentvoll sein. Es gibt aber auch Schnellredner mit ganz sparsamer Mimik und Gestik, die ihren Redefluss wie eine emotionslose Nachrichtensendung rasant und sachlich unter die Leute bringen.

Gefahr

Wenn Sie Ihre Verkaufsargumente Ihrer Meinung nach ganz in Ruhe und mit guter Betonung vortragen, könnte der Schnellredner innerlich ungeduldig werden. Er kann die Ruhe, die Sie ausstrahlen, nicht würdigen, sondern missversteht Ihre Besonnenheit schlichtweg als „lange Leitung". Er zweifelt dann unbewusst an Ihrer Kompetenz, was natürlich Ihre Erfolgschancen bei ihm senkt. Vorsicht auch bei rhetorischen Kunstpausen; sie bringen diesen Kandidaten zur Verzweiflung. Hat der Schnellredner unbewusst das Gefühl, dass Sie zu langsam „touren", schneidet er Ihnen das Wort ab und übernimmt das Gespräch.

Chance

Heben Sie insgesamt Ihr Sprechtempo an. Das weckt das nonverbale Interesse Ihres Gegenübers. Gehen Sie schnell in entstehende Pausen hinein, so behalten Sie das Gespräch in der Hand. Als Einstieg können Sie sogar noch einen Hauch schneller als der Schnellredner werden. Achten Sie beim Pacing auf die spezielle Mimik oder Gestik: sparsam oder temperamentvoll. Schon nach drei Minuten Pacen können Sie Ihre Wortbeiträge wieder langsamer werden lassen. Ihr Gesprächspartner ist nun von Ihnen positiv angetan und wird Ihnen folgen.

Der Langsamredner

Er ist das Gegenteil des Schnellredners. Er spricht sparsam und macht viele Pausen. Er baut die Pausen auch gern in seine Sätze ein, die er dann eine Weile lang unvollendet in der Luft schweben lässt. Mimik und Gestik sind ebenfalls oft langsam und sparsam. Zudem gibt es den „gemütlichen" Langsamredner, der sich locker zurücklehnt und immer mal wieder entspannt durchatmet.

Gefahr

Ich habe festgestellt, dass der Langsamredner für den Verkäufer oft die weitaus größere Gefahr darstellt als der Schnellredner. Gerade wenn man sich ein paar zusätzliche Argumente für die Gesprächsführung zurechtgelegt hat, könnte das für den Langsamredner zu viel werden. Das soll nicht heißen, dass er Ihnen nicht folgen kann. Sie „quasseln" ihm schlicht zu viel. Das geht ihm auf die Nerven. Sie rauben ihm die Ruhe. Er erlebt Sie als ungemütlich. Machen Sie deshalb nicht den Fehler, in die vom Langsamredner angesetzten Pausen schnell hineinzureden, um ihn so zum Reden zu animieren. Je mehr Sie aufdrehen, desto stummer wird er, da er jetzt resigniert, Sie nur noch als „Nervenbündel" erlebt und das Geprächsende herbeisehnt.

Chance

Verlangsamen Sie Ihr Sprechtempo. Tragen Sie nur jeweils ein Argument vor. Halten Sie die Pausen aus. Lassen Sie dem Langsamredner das Wort – sosehr Sie sich auch zusammenreißen müssen. Ihre Geduld wird schon nach kurzer Zeit belohnt. Der Langsamredner findet Sie jetzt sympathisch und lebt auf. Nun können Sie das Tempo vorsichtig erhöhen.

4

Die Frohnatur

Solche Menschen möchten sich gern überall amüsieren. Sie lieben es, zu lachen und zu scherzen. Nichts liegt ihnen mehr am Herzen, als dass die anderen mitmachen.

Gefahr

Besonders wenn Sie hochwertige Artikel wie beispielsweise Schmuck, Gemälde oder antike Möbel verkaufen, möchten Sie vielleicht auch den Wert Ihrer Produkte mit einem entsprechend distinguierten Auftreten repräsentieren. Da kann es schon passieren, dass Sie sich von der Scherzbereitschaft des Kunden aus dem Konzept bringen und irritieren lassen. Dabei wirken Sie dann aber nicht so fröhlich, wie er es gerne hätte. Es kann sein, dass dem Kunden der Sorte „Frohnatur" daraufhin der Spaß am Kaufen vergeht. Er speichert Sie als „Schnösel" oder „eingebildete Ziege" ab.

Chance

Gelingt es Ihnen, entsprechend fröhlich auf die Frohnatur einzugehen, ist diese Menschensorte natürlich begeistert. Diese Begeisterung können Sie dann mit etwas Verkäufergeschick besonders einfach in einen Verkaufserfolg „leaden".

Der Griesgram

Der Griesgram ist schlecht gelaunt. Vielleicht hat er einen üblen Kater, leidet unter Magen- oder Kopfschmerzen. Womöglich haben Sie auch einen kranken Menschen vor sich, der unter chronischen Schmerzen leidet. Auf jeden Fall ist der Griesgram ungerecht, oft auch unverschämt und anmaßend.

Gefahr

Sie lassen sich durch den Griesgram einschüchtern und reagieren mit Besänftigungsversuchen. Sie bemühen sich, besonders einfühlsam zu sein. Schlimmstenfalls wollen Sie ihn sogar mit Fröhlichkeit und Freundlichkeit aufmuntern. Doch jede Fröhlichkeit und Sanftheit heißt nur „Öl ins Feuer gießen". Dies reizt den Griesgram, und jede Schüchternheit zeigt ihm, was für ein Scheusal er ist – was die üble Laune noch verschlimmert.

4

Chance

Der Griesgram hat es eigentlich ganz gern, wenn man sich nicht von ihm einschüchtern lässt. Dazu dürfen Sie auch den Griesgram pacen – wie jeden anderen Temperamenttyp auch. Sie müssen zwar nicht so unhöflich werden wie er, dürfen aber selbst auch gern vor sich hinmuffeln. Bei gelegentlichem Suchen könnten Sie ärgerlich sagen: „Wo steckt der Mist nur schon wieder", Sie können auch gern etwas genervt fragen: „Können Sie mir etwas genauer erklären, was Sie wollen?" Das entspannt den Griesgram, wenn er merkt, dass auch bei Ihnen der Himmel nicht voller Geigen hängt. Dies führt dazu, dass er Sie als „vernünftigen Menschen" erlebt, was ihn dann doch auftauen lässt.

Der Volkstümliche

Dieser Typ Mensch zeichnet sich vor allem durch seine Sprache aus. Dabei muss er durchaus nicht so scherzbedürftig sein wie die Frohnatur. Er benutzt viele Umgangs- und Slangwörter wie „Ach watt" oder „cool" und „super". Außerdem spricht er gern in Mundart oder Dialekt. Seine Art zu sprechen nennt man den „restringierten Sprachcode".

Gefahr

Hier sind Sie in Gefahr, als Verkäufer zu gestelzt auf diese Art Menschen zu reagieren. Bedenken Sie, dass der volkstümliche Typ sowohl völlig ungebildet als auch ein hochstehender Manager oder sogar Professor sein kann. Machen Sie es nicht von den Umgangswörtern abhängig, wen Sie vor sich zu haben glauben. Es kann ein Millionär vor Ihnen stehen und zu einem teuren Gegenstand sagen: „Ist ja stark!" Da wäre es ganz falsch, artig zu erwidern: „Und ich kann Ihnen versichern, dass Sie gewiss viel Freude mit diesem schönen Stück haben werden." Eine solche Bemerkung reißt diese Art von Kunden aus ihrer Kauflust.

Chance

Antworten Sie hingegen so ähnlich wie: „Ja, und sieht auch wirklich irre gut aus!", hat der Kunde das subjektive Gefühl, dass Sie ihn perfekt verstehen. Spricht jemand Dialekt, müssen Sie diesen natürlich nicht nachmachen. Benutzen Sie dann einfach Ihre authentische Mundart oder Ihre persönlichen Umgangswörter. Das reicht völlig aus, um eine positive Wellenlänge aufzubauen, die dann zum Verkaufserfolg führt.

Der Gestelzte

Dieser Kommunikationstyp drückt sich gern gewählt aus, benutzt Fremdwörter und achtet auf eine korrekte Grammatik. Mit seiner Art macht er einen eher vornehmen oder auch konservativen Eindruck. Er spricht den sogenannten „elaborierten Sprachcode".

Gefahr

Wenn Sie sich eher zu den „natürlichen" Menschen zählen, die gern für eine entspannte Atmosphäre im Gespräch sorgen, könnten Sie dem Gestelzten schnell auf die Füße treten. Diese Menschen können manchmal sogar einen sogenannten „Dünkel" haben, sind gern „etwas Besseres". Sprechen Sie dann eher natürlich, sieht man schnell auf Ihre Person – und auch auf Ihr Produkt – herab.

Chance

Drücken Sie sich hingegen ebenfalls gewählt aus, achten auf eine korrekte Aussprache und Grammatik, dann ziehen Sie den Ge-

stelzten sehr schnell auf Ihre Seite. Er schätzt nämlich „Seines-
gleichen" und findet Sie dann sehr sympathisch und kompetent.

Der Distanzierte

Dieser Typ muss nicht unbedingt gestelzt wirken. Er kann auch
einfach nur schüchtern oder verlegen sein. Man erkennt ihn daran,
dass er im Gespräch einen gewissen körperlichen Abstand benötigt. Er mag nicht gern angefasst werden und schätzt es nicht,
wenn man sich herzlich auf ihn zubewegt.

Gefahr

Wer in seinen Verkaufsgesprächen viel redet, neigt im Eifer des
Gefechts manchmal dazu, sich nonverbal auf den Gesprächspartner zuzubewegen. Beim Stehen oder Sitzen beugt man sich zum
Gegenüber hinüber, um so seinen Ausführungen mehr Ausdruck
zu verleihen. Vielleicht setzen Sie sogar ausdrucksstark Ihre Hände
ein. All dies erlebt der Distanzierte als unangenehm. Er zieht sich
innerlich und äußerlich zurück.

Chance

Wieder liegt die Chance im Entgegenkommen. Doch darf das
Entgegenkommen natürlich nicht wörtlich umgesetzt werden.
Sie sollten sich eher ebenfalls körperlich wahrnehmbar zurückzie-
hen: Beim Sitzen lehnen Sie sich nach hinten, im Stehen achten
Sie auf Abstand. Die Hände bewegen sich sparsam. So fühlt sich
der Distanzierte in Ihrer Gegenwart sicher und gut aufgehoben.
Er kann Ihnen nun sein Vertrauen schenken. Vielleicht kommt er
dann sogar etwas näher und „taut auf".

Der Nähemensch

Er ist ganz das Gegenteil vom Distanzierten. Er geht im Gespräch
auf „Tuchfühlung". Der Nähemensch beugt sich gern vor, um seine
Sätze nonverbal zu betonen. Außerdem liebt er es, sein Gegenüber im Gespräch immer wieder anzufassen: Schulternklopfen,
an den Arm fassen, herzliches und intensives Händeschütteln. Die
Hände werden gern temperamentvoll zur Gesprächsuntermalung
eingesetzt.

Gefahr

Vielen ist der Nähemensch zu intensiv. Ich habe schon Verkäufer erlebt, die regelrecht erstarrten, als sich ein Nähemensch über sie „hermachte". Wäre nun einer Ihrer wichtigsten Kunden ein Nähemensch, hätten Sie ein Problem, wenn Sie nonverbal zurückweichen. Nähemenschen sind nämlich sehr gefühlsbetont und bemerken daher äußerst sensibel jedes körperliche Ausweichen. Sie fühlen sich dann sofort zurückgestoßen und verletzt. Weniger sensible Nähemenschen rücken einem bei Ausweichmanövern erst recht auf die Pelle: Sie versuchen um jeden Preis, ihre Wohlfühl-Atmosphäre zu erreichen. Gelingt ihnen dies nicht, fühlen sie sich gestört. Natürlich sinkt dann auch die Kaufmotivation.

Chance

4

Kommen Sie dem Nähemenschen im wahrsten Sinne des Wortes entgegen. Sind Sie selbst ein eingefleischt distanzierter Mensch, hilft folgender Trick: Berühren Sie den Nähemenschen während des Gesprächs kurz ab und zu mit dem eher ausgestreckten Arm. Vor und nach der Berührung können Sie sich körperlich zurückziehen. Es ist nämlich die Berührung, die diesen Menschen ein angenehmes, vertrautes Gefühl suggeriert. Beugen Sie sich auch ab und an im Gespräch nach vorn. Beherzigen Sie diese Tipps, können Sie relativ schnell wieder Ihre gewohnte Distanz aufbauen. Wenn Sie jetzt leaden, wird der Nähemensch Ihnen überraschenderweise folgen und ebenfalls etwas von Ihnen ablassen.

Die Kleidung des Kunden

Einige Verkaufstrainings schärfen den Blick für die Kleidung des Kunden, da dieses äußere Merkmal angeblich einen Hinweis auf die individuelle Kaufkraft geben soll. Ich kann Ihnen aber nur raten, äußerst skeptisch mit diesem „Kleidungs-Barometer" umzugehen. Wenn man bedenkt, wie viele solvente und wohlhabende Kunden tagtäglich wegen der „Kleidungs-Brille" von Verkäufern verkannt oder sogar ignoriert werden, kommen einem die Tränen. Es gibt so viele insolvente „Möchtegerns", die mit Markenkleidung und teurem Schuhwerk auftreten, und so viele reiche Menschen, die auf derartige Äußerlichkeiten keinerlei Wert legen.

Ihre Erfolgschancen steigen erheblich, wenn Sie auch bei Kunden der Sorte „graue Maus" einen umsatzstarken Kauferfolg für möglich halten. Eine kleine, unscheinbare alte Frau kann ein Vermögen auf dem Konto haben, die verschwenderische und gut gestylte Sekretärin hingegen bewegt sich wegen hoher Verschuldung am finanziellen Existenzminimum. Unterschätzen Sie zudem nicht die Kaufbereitschaft der ungestylten Menschen. Besagte alte Dame möchte beispielsweise für die Enkelin ein teures Markenparfum kaufen, dessen unaussprechlichen Namen sie auf einem Zettelchen mit sich führt. Hart arbeitende Manager müssen 60 und mehr Stunden in der Woche auf gestylte Kleidung achten, da lieben sie manchmal in der Freizeit den absoluten „Tiefstapler-Look".

Selbstverständlich ist es nicht falsch, im Kunden mit teurer Kleidung einen guten Käufer zu sehen. Doch schneiden Sie sich nicht von Ihren Erfolgsmöglichkeiten ab, indem Sie sich über das „Kleidungs-Barometer" zu einem unberechtigten Vorurteil gegenüber Ihnen völlig unbekannten Personen verleiten lassen.

4

Wie wirken meine Sätze?

Wann immer Sie sich mit Menschen unterhalten, zeigen sie Ihnen nonverbale Reaktionen auf die von Ihnen transportierten Inhalte. An diesen Reaktionen können Sie jederzeit ablesen, ob Sie das Gespräch in der von Ihnen gewählten Richtung fortsetzen sollten oder flexibel und schleunigst etwas anderes ansprechen müssen, um das positive Interesse Ihres Gesprächspartners zu erhalten oder zu wecken.

Hüten Sie sich davor, auf die Wirkung von Verkaufs-Wunderphrasen oder -begriffen zu vertrauen. Es gibt beispielsweise die Empfehlung, seinen Kunden möglichst häufig mit dessen Namen anzureden. Das hört sich dann so an: „Frau Kick, haben nicht auch Sie, Frau Kick, einmal darüber nachgedacht, wie Ihre Zukunft aussehen soll. Und, Frau Kick, ist Ihnen dabei nicht auch aufgefallen, Frau Kick ..." usw. Kein normaler Mensch redet so. Sie bewirken damit keine Zuwendung, sondern nur Irritation. Ihr Gesprächspartner könnte sogar misstrauisch werden, wenn Sie mit einer derart deutlichen Kommunikationsverrenkung um ihn werben, und Ihr Verhalten als störenden Trick abwerten. Ebenso seltsam wirkt es, hinter jeder Erklärung immer „stimmt's?" oder „ja?" zu sagen, um den Kunden in einen mentalen „Ja-Nebel" zu hüllen.

Sie müssen bei jedem Kunden wieder neu lernen und beobachten, ob Ihre Ausführungen ankommen. Die nonverbale Kommunikation gibt Ihnen dabei wertvolle Hinweise.

So erkennen Sie Zustimmung

Obwohl ich eingangs erwähnte, dass jeder Mensch eine andere individuelle Körpersprache mit unterschiedlicher Bedeutung aufweist, gibt es dennoch bei allen Menschen übereinstimmende nonverbale Merkmale, die Ihnen den Erfolg des Gesprächsverlaufs anzeigen können. Jeder Mensch hat zwei Körperhälften: eine linke und eine rechte. Im spontanen Gespräch verhalten sich die beiden Körperhälften oft unsymmetrisch zueinander: Die Beine sind vielleicht übereinandergeschlagen, der Kopf zur Seite geneigt, eine Hand ist angehoben, die andere ruht dabei auf der Stuhllehne usw.

Wenn Ihr Gesprächspartner einzelne Ihrer Bemerkungen und Ausführungen interessant findet, zeigt er das mittels einer kleinen Veränderung der Körperhaltung in Richtung Körpersymmetrie: Der Kopf wird gerade, die Fingerspitzen legen sich aneinander, die Beine werden spiegelbildlich nebeneinander gestellt. Das passiert nicht alles unbedingt gleichzeitig. Manchmal gibt es nur eine einzige Bewegung, die aus der Körperunsymmetrie in die Körpersymmetrie überwechselt. Ob diese Tendenz an Händen oder Beinen, Kopf oder Rücken auftritt, hat nichts zu bedeuten. Ein Anhaltspunkt für Sie ist nur, *dass* die Bewegung(en) in unmittelbarer Reaktion auf Ihre Äußerungen zur Körpersymmetrie tendieren.

Ist jemand von einer Sache total begeistert und überzeugt, kann sich der ganze Körper in die absolute Symmetrie begeben. Dies ist bestimmt der Grund dafür, dass die Menschen seit Tausenden von Jahren symmetrische Körperhaltungen ganz gezielt bei religiösen Ritualen einsetzen und auf diese Weise innere Übereinstimmung bahnen. Denken Sie dabei nur an betende Hände oder die gleichmäßig geöffneten Arme beim Segnen. Diese Haltungen und Bewegungen signalisieren, dass die meisten oder gar alle „inneren Stimmen" oder Anteile der Persönlichkeit „Ja" zu einem bestimmten mentalen Inhalt sagen. Man nennt die symmetrische Körperhaltung daher auch die kongruente Körperhaltung. Je symmetrischer linke und rechte Seite zueinander sind, desto einverstandener oder überzeugter ist die Person zurzeit mit dem aktuellen Thema. Das gilt sowohl für das bewusste als auch für das unbewusste Einverständnis.

Im fließenden Gespräch zeigen Menschen die Symmetrie-Impulse natürlich nicht so deutlich und lange wie im Gebet. Eine Sequenz könnte etwa so ablaufen:

Verkäufer: „Und dann hilft Ihnen das Gerät sogar, Kosten zu sparen."

Der Kunde sitzt auf einem Stuhl und hält die Füße gekreuzt. Er antwortet „Ach, ja?", löst die Fußüberkreuzung und stellt beide Füße nebeneinander auf den Boden. „Wie meinen Sie das genau?"

4

Vielleicht verändert er daraufhin erneut die Haltung und schlägt beispielsweise die Beine übereinander.

Beurteilung der Sequenz

Der Verkäufer hat beobachtet, dass der Kunde beim Verarbeiten der Nachricht „Kostenersparnis" spontan eine kongruente Körperbewegung vollführt hat: Er hat die Füße in ein symmetrisches Gleichgewicht gebracht. Nun weiß der Verkäufer, dass er diesen Punkt noch intensiver herausarbeiten sollte. Nach der Kongruenz-Reaktion verändert der Kunde sich wieder in die Inkongruenz: Er schlägt die Beine übereinander. Er fragt dann auch: „Wie meinen Sie das?" Die Inkongruenz kommt daher, dass er sich unter der Verkäuferbemerkung noch nichts Genaues vorstellen kann. Dieses innere Fragezeichen macht sich dann unmittelbar in der Körpersprache bemerkbar. Die ganze Zeit über hält der Kunde die Arme verschränkt. Das ist offensichtlich eine ihm vertraute Geste, die bei ihm eher etwas mit körperlicher Bequemlichkeit zu tun hat. Das nonverbale Kongruenzgeschehen spielt sich in der Fußmotorik ab.

Es gilt, die unmittelbare Körperreaktion auf Ihre Ausführungen zu beobachten, um zu erkennen, ob Sie auf dem richtigen Kurs sind.

Wenn Sie sich an dieses Wissen halten, werden Sie überraschende Erfolge erzielen. Denn oft stellt sich die Kongruenz auch in ganz überraschenden Momenten ein, wie uns folgendes Beispiel zeigt.

Beispiel:

Ein Versicherungsvertreter berichtete einem Kunden ganz ausführlich über das Preis-Leistungs-Verhältnis einer Hausratversicherung. Dann sagte er noch: „Und sollte ein Schadensfall eintreten, rufen Sie mich gern an. Ich helfe Ihnen dann, das Formular auszufüllen." Plötzlich sah er, dass der Kunde eine deutlich kongruente Bewegung machte. Er legte spontan die Fingerspitzen aneinander. So deutlich hatte er beim Preis-Leistungs-Thema nicht reagiert. Auf diese Weise erhielt der Versicherungsvertreter den Hinweis, dass der Kunde – bewusst oder unbewusst – besonders stark an Serviceleistungen interessiert war.

Nun stellte der Vertreter schnell das Preisgespräch ein, obwohl er noch lange nicht alles aufgezählt hatte, was hierzu zu sagen war. Er entschloss sich, dieses Thema auf später zu legen. Stattdessen ging er aufgrund der nonverbalen Hinweise des Kunden sofort zum Service-Thema über: „Sie können mich im Schadensfall jederzeit anrufen. Ich habe da sogar eine Hotline eingerichtet, über die Sie mich so gut wie immer erreichen können – sogar im Urlaub. Dann vermittle ich den Fall sofort an einen zuverlässigen Kollegen, der Ihnen ebenfalls prompt helfen wird."

Bei den Ausführungen konnte er beobachten, wie der Kunde immer kongruenter wurde, er veränderte die Körperhaltung zusehends immer weiter in Richtung Symmetrie. Der in diesen Techniken trainierte Versicherungsvertreter folgte daraufhin diesem „Körpertrend" mit seinen eigenen Bewegungen.

Wie gesagt, lässt sich an der Körperkongruenz auch das unbewusste Interesse Ihres Gesprächspartners ablesen. So könnte eine Kundin verbal zweifelnd den Satz äußern: „Ich weiß nicht, das ist mir wohl doch zu teuer." Doch man sieht, dass sie beim Nachdenken immer wieder kongruente Bewegungstendenzen zeigt. Daran können Sie erkennen, dass es doch noch mindestens ein unbewusstes „Ja" zum Thema gibt. Hier lohnt es sich also, am Ball zu bleiben und das Kaufinteresse weiter auszuloten.

Sie werden staunen, wie einfach die Zustimmungssignale wahrzunehmen sind, wenn Sie sich erst einmal für das nonverbale Kongruenz-Phänomen sensibilisiert haben. Schärfen Sie in dieser Hinsicht Ihre Wahrnehmung beim Beobachten von Gesprächspartnern aus der Perspektive des Außenstehenden. Schauen Sie sich gezielt Talk-Show-Teilnehmer im lebendigen Gespräch an. So werden Sie im Erkennen der Kongruenz-Signale immer sicherer.

So erkennen Sie Ablehnung

Beim Thema Ablehnung funktioniert das nonverbale Kongruenzprinzip genau umgekehrt: Ihr Gesprächspartner wird kleine Tendenzen körperlicher Inkongruenz zeigen, wenn ihm bewusst oder unbewusst irgend etwas nicht zusagt. Hielt er die Hände vorher symmetrisch, verschränkt er jetzt die Arme. Standen zuvor die Beine parallel, schlägt er sie jetzt übereinander oder kreuzt die Füße. Hielt er den Kopf zuvor gerade, legt er ihn jetzt schief. Hielt er die Fingerspitzen aneinander, verschränkt er jetzt die Finger ineinander. War das Gesicht zuvor ausgeglichen, zieht er jetzt permanent nur eine Augenbraue hoch oder benutzt beim Lachen deutlich wahrnehmbar nur einen Mundwinkel.

Nehmen Sie diese Tendenzen wahr, hat Ihr Gegenüber irgendwelche Einwände gegenüber Ihrem Angebot, Ihrer Bemerkung oder gegenüber den aktuellen Ausführungen.

Wichtig: Das ist jedoch wirklich nur der Fall, wenn Sie – wie bei der Zustimmung beschrieben – einen deutlichen und direkten zeitlichen Zusammenhang zwischen Ihren Ausführungen und der spontanen Inkongruenzreaktion Ihres Gesprächspartners wahrnehmen. Nur dann ist das nonverbale Signal als Körperantwort auf Ihre Ausführungen anzusehen.

Die Wahrnehmung von inkongruenten Reaktionen lässt Sie vor allem schnell falsche Höflichkeit erkennen. Manche Menschen möchten Ihnen nicht verbal sagen, dass Ihre Ausführungen sie langweilen oder stören. Vielleicht sagen sie sogar – völlig gegenteilig zum Empfinden: „Oh, das ist ja wirklich interessant." Oft kann man wahrnehmen, dass Menschen trotz eines solchen bejahenden Satzes gleichzeitig mit dem Aussprechen inkongruente Körperimpulse zeigen. In diesem Fall können Sie davon ausgehen, dass Sie den Satz nicht als Hoffnungsschimmer, sondern als Höflichkeitsfloskel einordnen müssen.

Natürlich gilt bei der Inkongruenz wie bei der nur scheinbaren Zustimmung, dass Sie das Thema wechseln und nicht noch vertiefen sollten. Fällt Ihnen so schnell kein Neueinstieg ein, können Sie die Atmosphäre auch einfach neutralisieren. Fragen Sie zwischendurch: „Sagen Sie, zeigt Ihre Uhr eigentlich die genaue Zeit? Ich befürchte, meine geht ein bisschen vor." Auf diese Weise schaltet das Gespräch auf Leerlauf. Man nennt dieses kurze Neutralisieren auch einen „Gesprächsseparator". Ist Ihnen das gelungen, können Sie den neuen „Gang" einlegen.

4 Eigentlich ist das Wort „Ablehnung" viel zu stark gewählt für das, was eine Inkongruenz im Körperausdruck bedeuten kann. Inkongruenzen signalisieren eher Fragezeichen, Irritation, sind manchmal sogar eine besondere Form des Ja, das als „Ja, unter einer Bedingung" zu verstehen ist. Vor allem ist es für den erfolgreichen Verlauf des Verkaufsgesprächs überhaupt nicht wichtig, dass Sie sofort herausfinden, was Ihr Kunde in dem Moment denkt. Registrieren Sie lediglich, ob das von Ihnen Gesagte nicht auf goldenen Boden gefallen ist, und reagieren Sie spontan mit einer Kursänderung im Gespräch. Ersparen Sie sich und Ihrem Gesprächspartner in jedem Fall eine allzu intensive Fortsetzung Ihrer Argumente, in der Hoffnung, ihn doch noch zu überzeugen. Ein geschickter und flexibler Themenwechsel führt Sie viel schneller ans Verkaufsziel als das Beharren auf der von Ihnen geplanten Gesprächslinie.

Beispiel:

Haben Sie sich als Autoverkäufer vorgenommen, der Kundin in diesem Moment den Motor zu zeigen, machen Sie die Haube wieder zu, wenn diese darauf inkongruent reagiert. Unterhalten Sie sich stattdessen hemmungslos und ausführlich über die Möglichkeiten, die Polster zu reinigen, wenn der Hund einmal verschmutzt im Auto mitgefahren ist. Wenn das zu einer deutlichen Kongruenz führt, ist dieses Thema einfach goldrichtig.

Das schnelle Reagieren auf Inkongruenzen schont Ihre Energien und Nerven. Einer unserer Seminarteilnehmer, ein Vertriebsleiter, sagt mittlerweile: „Wenn ich bedenke, wie oft ich früher viel zu lange in die falsche Richtung erzählt habe, tue ich mir rückblickend fast leid. Was habe ich mich unnütz ausgepowert! Das passiert heute nicht mehr."

Was haben Sie nur wieder falsch gemacht?

Viele Verkäufer berichten gern folgendermaßen über ihre Lieblingsstrategie:

„Und wenn der Kunde dann sagt (–), dann antworte ich immer (–). Das funktioniert immer."

Das aber tut es nun gerade nicht. Unter zehn Kunden kann einer dabei sein, der auch auf den allerbewährtesten Satz überraschend anders oder sogar negativ reagiert. Das ist genau wie mit Witzen: Neun Leute biegen sich vor Lachen, und der zehnte fragt Sie gelangweilt: „Und was soll daran komisch sein?"

Erinnern Sie sich noch einmal an die Kapitelüberschrift: „Ihr Gegenüber – das unbekannte Wesen". Hier habe ich darauf aufmerksam gemacht, dass jeder Mensch eine ganz individuelle Lebensgeschichte hat, durch die er sich auch in seinem typischen Körperausdruck von anderen unterscheidet. Ebenso hat jeder Mensch einen eigenen Humor, eine eigene Logik und ein eigenes Wertesystem, nach dem er Informationen sortiert. Sollte nun ein Kunde plötzlich ganz anders als erwünscht auf Ihre Ausführungen reagieren, haben Sie selbstverständlich überhaupt nichts falsch gemacht. Die Reaktion zeigt nur, dass Sie bei diesem speziellen Menschen mit dieser Formulierung oder Argumentation nicht ankommen. Das bedeutet nicht, dass Sie bei den nächsten neun oder zehn Personen mit der Bemerkung, die hier zur Panne wurde, nicht wieder großen Erfolg haben.

Bedenken Sie den Satz: „Die Reaktion des Gesprächspartners ist der Sinn der Kommunikation." Hier können wir wieder die Schleife zum Wahrnehmen von spontaner Zustimmung oder Ablehnung im Gespräch ziehen. Lesen Sie in der Körpersprache, ob Ihr Satz gut angekommen ist oder nicht. Ist dies der Fall, hatten Sie Glück, und Sie vertiefen das Thema. Haben Sie kein Glück, wechseln Sie eben das Thema. Sie haben nichts falsch gemacht, da Sie ja schließlich mit Ihren Kunden keine Ehe führen und daher nicht deren verborgenste Reaktionsmuster kennen können (und nicht einmal bei einer Ehe ist das garantiert). Der einzige Fehler, den Sie begehen können, besteht darin, die wahrgenommenen Inkongruenzen zu verdrängen, um mit Ihrem Schema unbeirrt fortfahren zu können. Sind Sie flexibel und bereit, mit der Unterschiedlichkeit Ihrer Kunden zu leben, haben Sie die größten Chancen, alles „richtig" zu machen.

Wie wirken Sie überzeugend?

Diese Frage wurde in den vorhergehenden Kapiteln schon beantwortet. Natürlich findet jede überzeugende Wirkung im Rahmen einer positiven Wellenlänge zu Ihrem Kunden statt. Daher sollten Sie von der ersten Sekunde an nonverbal auf das spezielle Temperament Ihres Gegenübers eingehen und sorgfältig pacen und leaden. So schaffen Sie die Voraussetzung dafür, dass Ihr Kommunikationspartner Sie als sympathisch und kompetent erlebt und bereit ist, Ihre Ausführungen ernst zu nehmen.

Ich sagte bereits, dass man sein Gegenüber nicht ununterbrochen pacen muss, um den Rapport aufrechtzuerhalten. Kleine „Auffrischungen" zwischendurch genügen, um den nonverbalen Kontakt immer wieder zu bekräftigen. Beim Leading können und sollen Sie ja auch wieder Sie selbst mit Ihrer eigenen individuellen Ausstrahlung sein.

Sprechen Sie nun im Verkaufsgespräch einen Ihrer Meinung nach zentral wichtigen Satz aus, können Sie die Bedeutsamkeit des Satzes dadurch nonverbal unterstreichen, dass Sie ihn in einer deutlich wahrnehmbar kongruenten Körperhaltung kommunizieren: Sie setzen oder stellen sich vorübergehend aufrecht und symmetrisch hin, benutzen beim Gestikulieren die Hände parallel und haben mit beiden Füßen Bodenkontakt. Letzteres bedeutet beim Stehen, dass Sie nicht Stand- und Spielbein einsetzen, sondern das Körpergewicht gleichmäßig auf beide Beine verteilen.

Nehmen Sie die kongruente Körperhaltung nur bei den allerwichtigsten Sätzen ein. Über lange Strecken in eine Rhetorik-Starre zu verfallen, wäre falsch. Vielmehr sollen Sie schnell wieder in den ganz normalen Fluss der Körpersprache und des Rapports zurückkehren. Sie umrahmen nur Ihre wichtigsten Aussagen mit einer deutlichen Ja-Haltung. Ihr Gegenüber hat dann unbewusst das Gefühl, dass Sie selbst von Ihrem Argument durch und durch überzeugt sind. Das erhöht seine Bereitschaft, die Aussage ebenfalls als wichtig einzuschätzen.

Beispiel:

Ein Außendienstmitarbeiter eines Haarpflege-Unternehmens sucht einen Friseurmeister auf. Die beiden kennen sich vielleicht schon seit einigen Jahren. Sie reden über das Wetter, Autos, die Sport-News usw. Dabei entsteht automatisch nonverbaler Rapport. Der Friseursalon-Inhaber gibt dann die üblichen Bestellungen auf. An dieser Stelle sagt der Verkäufer: „Wissen Sie, wir haben da jetzt eine ganz neue Haarkur – eine tolle Sache, das können Sie mir glauben." Diesen Satz spricht er mit deutlich kongruenten Gesten und Bewegungen aus. Aufgrund der nonverbalen Untermalung wird sofort das Interesse des Kunden geweckt. Zwischendurch verhält der Außendienstler sich immer wieder „natürlich". Berichtet er jedoch über weitere wichtige Merkmale des neuen Produkts, setzt er als Verstärkung immer wieder die Kongruenzsignale ein: „Das ist eine ganz spezielle Zusammensetzung", oder: „Man wäscht es nicht aus, so bleiben die Pflegestoffe bis zur nächsten Wäsche direkt im Haar", usw.

4

Auch für das Phrasen-Kickspiel sind diese Ausführungen sehr wichtig. Wenn Sie eine Killerphrase durch eine passende Erwiderung „entschärfen" wollen, sollten Sie die Antworten ebenfalls mit voller körperlicher Kongruenz vortragen, damit die Wirkung Ihrer Worte besonders betont wird.

Ich möchte nochmals wiederholen, dass Sie keinesfalls ein komplettes Gespräch als „Kongruenz-Statue" bestreiten sollten. Sie hätten damit auch keine Möglichkeit, besonders wichtige Aussagen, Argumente und Sätze gezielt nonverbal zu betonen.

Die psychologische Hausapotheke

Natürlich sollen Sie beim Thema „nonverbale Kommunikation" nicht nur Ihren Kunden sorgfältig beobachten, sondern auch etwas für Ihr eigenes Wohlbefinden tun. Da Verkaufssituationen oft zeitlich sehr konzentriert ablaufen, ist Ihnen mit aufwendigen Mentaltechniken nicht geholfen. Sie können schließlich nicht zum Kunden sagen: „Ich gehe schnell einmal für fünf Minuten vor die Tür, um mein autogenes Training zu machen. Danach bin ich dann konzentrierter. Seien Sie so nett, und warten Sie auf mich." Nein, was hilft, sind schnell wirkende „Mental-Tricks", die man sich gut merken kann. Sie sollten in der Situation sofort umsetzbar sein. Hier komme ich auf banale Volksweisheiten zurück, die ich die „psychologische Hausapotheke" nenne.

4 Kennen Sie beispielsweise den bekannten Rat so mancher Großmutter? „Wenn du dem Lehrer gegenüberstehst, musst du ihn dir einfach in langen Unterhosen vorstellen – schon hast du keine Angst mehr." So alt dieser Rat auch sein mag – seine Wirkkraft ist immer noch aktuell. Der „Unterhosen"-Rat beinhaltet nichts anderes als eine Mentalstrategie, die dem eigenen Gehirn sagt, was es machen soll: nämlich gute Laune produzieren. Solange Sie es schaffen, Ihren Humor mit in die Verkaufsgespräche einzubringen, werden Sie kreativ und erfolgreich arbeiten können. Natürlich sollen Sie Ihre Kunden nicht offensichtlich auslachen, aber das Tragen der inneren Humorbrille ist auf jeden Fall erlaubt. Denn es gibt im Verkauf recht viele Situationen, über die man auch schmunzeln kann.

Eine Prise Humor

Sicherlich kennen Sie einige Kurzfilme von Loriot, dem Meister des Humors. Nicht selten inszenierte er darin auch Verkaufsszenen, in denen die liebenswerten menschlichen Schwächen und Besonderheiten von Verkäufer und Kunde mit einem wunderbaren Humor herausgearbeitet wurden. Filme, die man einfach gesehen haben muss!

Vielleicht sollten Sie sich in den nächsten Verkaufsgesprächen auf folgendes Experiment einlassen: Stellen Sie sich vor, Sie wären Loriot auf der Suche nach einem neuen Stoff für seine nächsten Kurzfilme. Sie werden staunen, wie gut gelaunt Sie plötzlich auch das komplizierteste Verkaufsgespräch erleben. Diese kleinen Mental-Tricks helfen wunderbar beim Stressabbau. Ihr Gehirn erhält bei diesem Spaß optimale Stoffwechselinformationen und arbeitet besonders kreativ mit.

Das Nilkrokodil

Ich möchte zur Anregung noch zwei weitere Möglichkeiten nennen, um den „Stresskiller" Humor zu aktivieren. Für die erste möchte ich zunächst einen Witz erzählen: Was braucht man, um ein Krokodil zu fangen? – Man benötigt ein Fernrohr, eine Pinzette und eine Streichholzschachtel. Damit ausgerüstet geht man zum Nil und ruft das Krokodil. Wenn es kommt, holt man schnell das Fernrohr, dreht es um und schaut verkehrt herum hindurch. Plötzlich ist das Krokodil winzig klein, man nimmt es mit der Pinzette auf und steckt es schnell in die Streichholzschachtel.

4

Vielen Verkäufern hat diese „Krokodil-Strategie" im Umgang mit schwierigen Kunden schon hervorragend geholfen. „Ich kann mir das blitzschnell vorstellen, wie er, durch das Spezialfernrohr verkleinert, so winzig klein vor mir steht und zu mir hochschimpft. Ich behalte die Ruhe, höre mir alles an und kann dann ganz gelassen reagieren. Zur Sicherheit trage ich immer eine Streichholzschachtel mit mir herum. Gehe ich zu einem besonders schwierigen Kunden, fasse ich die Streichholzschachtel an und sage innerlich: ‚Da kommst du gleich rein.' Das hilft garantiert."

Die rote Clownnase

Als letztes Mittel der „psychologischen Hausapotheke" möchte ich noch die äußerst bewährte Clownnase vorstellen. Wenn Sie diese während der Kommunikation im Geiste Ihrem Gesprächspartner aufsetzen, kann der noch so fürchterliche Killerphrasen produzieren – Sie bleiben einfach gelassen. Böse Blicke und dröhnende Stimmen werden aufgrund der Clownnase einfach absurd. Probieren Sie's aus! Vielleicht finden Sie – von diesen Anregungen inspiriert – weitere, individuelle Mental-Ideen für die Stressreduktion mit Humor.

Spezielle Kunden-Charaktere

5

Charakterisierungen liefern Anhaltspunkte

Bevor Sie sich im Phrasen-Kickspiel trainieren, möchte ich Ihnen noch eine Reihe von Kunden-Charakteren vorstellen, die Ihnen im Verkauf begegnen können. Natürlich haben Sie schon einen eigenen Erfahrungsschatz, der Ihnen hilft, Ihre Kunden „einzusortieren". Sicher haben Sie eigene Benennungen und Bezeichnungen, die sich nicht mit den meinen decken müssen. Doch die Charakterphänomene sind in einigen Punkten sicherlich identisch.

Selbstverständlich handelt es sich bei den Charakterisierungen nicht um wissenschaftliche Erkenntnisse, sondern nur um eine qualitative Beschreibung. Aus wissenschaftlicher Sicht muss ohnehin davor gewarnt werden, Typenbeschreibungen von Menschen als absolute Wahrheit anzusehen. Die hier aufgestellten Überschriften geben Ihnen lediglich Anhaltspunkte, um Ideen für die eigenen Reaktionsmöglichkeiten zu entwickeln. Teilweise gebe ich hier schon Tipps für mögliche Antworten. Doch im Großen und Ganzen sollen Ihnen die Ausführungen bei der Einschätzung Ihres Gegenübers helfen. Konkrete Erwiderungsmöglichkeiten für alle Typen finden Sie dann im Phrasen-Kickspiel (s. Kapitel 6).

Einige dieser Kunden-Charaktere habe ich Ihnen anhand möglicher Situationen aus der Buchhandelsbranche beschrieben.

Der Honeymoon-Kunde

Diese Kundensorte macht absolut Freude – zunächst. Von Anfang an interessieren sich diese Menschen für Ihr Produkt und für Ihre Ausführungen. Es kommt schnell Zustimmung und sogar Begeisterung auf. Zeigt der Verlagsvertreter dem Buchhändler eine im Cover neu gestaltete Titelreihe, wäre der Honeymoon-Typ spontan angetan: „Also, das ist ja mal eine tolle Lösung! Das kommt bestimmt gut an", oder sogar: „Das muss ich unbedingt haben!" Er stellt eine größere Order in Aussicht. Es könnte sein, dass dem Vertreter der Honeymoon-Kunde einen Hauch zu begeistert erscheint. „Zuvor möchte ich noch einmal mein Lager prüfen, dann sage ich Ihnen Genaueres", heißt es noch zum Schluss.

Warum nun wird hier vom „Honeymoon-Kunden" gesprochen? Bedenken Sie, was der Honeymoon eigentlich ist: die rosarote

Zeit der Hochzeitsreise, die ein frisch vermähltes Ehepaar vor Beginn der eigentlichen Ehe verbringt. Im Anschluss an diese Zeit folgt die Konfrontation mit der Realität, die manchmal sogar ein „böses Erwachen" nach sich zieht. Der große Auftrag, den er in Aussicht stellte, schmilzt plötzlich zusammen. „Wissen Sie, ich habe mir noch einmal alles durch den Kopf gehen lassen. Die neue Aufmachung ist doch reichlich unkonventionell. Ich weiß nicht, ob das bei meinen Kunden ankommt. Ich nehme erst einmal eine kleinere Stückzahl."

Das haben schon viele Verkäufer mit ihren Kunden erlebt. Bedenken Sie, dass diese Honeymoon-Menschen einfach nur eine individuelle Strategie haben, um Neues zu erleben: Sie saugen sämtliche Eindrücke begeistert und offen auf. Die positive Zustimmung ist im Moment des Aufnehmens durchaus ehrlich gemeint. Danach jedoch wird aussortiert. Ist dieser Kunde mit sich allein, tauchen in ihm immer mehr Kritikpunkte zu den gesammelten neuen Informationen auf. Denken Sie nun aber nicht, dass dieser Mensch Sie mit seiner Begeisterung täuschen oder gar hereinlegen will. Er hat – wie gesagt – nur eine ganz spezielle Form des Lernens und der Informationsverarbeitung: zunächst optimale Offenheit, um alle Informationen zu erhalten, danach folgt die kritische Auswertung.

Kalkulieren Sie bei den Super-Begeisterten deshalb vorsorglich die Ernüchterungsphase ein. Wie Sie optimal mit diesen Menschen umgehen sollten, können Sie im Kapitel 8 „Die positive Panne" lesen. Sie erfahren dort, wie Sie im Verkaufsgespräch optimal zukünftiger Kritik Ihrer Kunden vorbeugen können.

Der Skeptiker

Er ist das Gegenteil des Honeymoon-Kunden. Jede Ihrer Ausführungen findet er bedenklich. Er sucht nach dem Haar in der Suppe. Lassen Sie sich davon nicht entmutigen. Solange der Skeptiker weiter zuhört und Fragen stellt, ist er interessiert. Er prüft nur von vornherein jedes einzelne Verkaufsargument. „Und Sie meinen wirklich, dass das die Leute anspricht?", könnte er beispielsweise zum Buchhandelsvertreter sagen. Und hat man ihm darauf geantwortet, kommt: „Na, ich weiß nicht. Ich glaube, meine Kunden lieben keine Überraschungen. Sie schätzen das Vertraute."

Diese Menschen verfolgen einfach eine andere Strategie, um neue Informationen zu verarbeiten. Während der Honeymoon-Kunde alles erst einmal mental einpackt, um später zu sortieren, sortiert der Skeptiker eben schon beim Einpacken. Ist er mit sich allein, verfügt er über eine kleine, aber feine Informationssammlung der „schönsten Stücke", die er aus dem Verkaufsgespräch herausgezogen hat. Wenn diese „Gesprächsauslese" dann ihre Wirkung im Skeptiker entfaltet, ist er plötzlich keiner mehr. Er wird „vom Saulus zum Paulus". So mancher Verkäufer war schon total überrascht, den ehemaligen Skeptiker, der so viel Gesprächsmühe kostete, plötzlich als begeisterten und treuen Käufer zu erleben. Denn hat der Skeptiker seinen Entscheidungsprozess durchlaufen, steht er auch zu seinem Bewertungsergebnis.

Wenn Sie ehrlich mit sich und Ihrem Produkt sind, werden Sie in den oft bohrenden Fragen und den scheinbar kleinlichen Bemerkungen des Skeptikers eine ganze Reihe sehr berechtigter und für Sie nützlicher Einwände und Gedanken finden. Denn der Skeptiker macht es sich selbst auch nicht leicht. Er lehnt nicht in Bausch und Bogen ab, sondern prüft sorgfältigst mit vielem Nachdenken und Überlegen das Für und Wider Ihres Verkaufsangebots. Wir selbst haben auf unseren Seminaren gerade von dieser Kundengruppe oft die wertvollsten Hinweise auf mögliche Verbesserungen unseres Angebots erhalten.

Der Polarizer

Zunächst möchte ich den Begriff erklären: Darin finden Sie das Wort „Pol" wieder. Und genau auf den bewegt sich dieser Kunden-Charakter im Gespräch zu – doch leider immer zum entgegengesetzten Pol Ihrer Meinungen und Ausführungen. Der Polarizer ist ein Mensch, der sich erheblich selbst im Weg steht. Er hat eigentlich kein eigenes Urteilsvermögen, sondern möchte lediglich gern das Gegenteil von dem behaupten, was seine Gesprächspartner sagen. Das ist bei ihm keine Vorliebe, sondern ein Zwang, aus dem er sich selbst nicht befreien kann. Insofern ist dieser Kundentyp an einem eigenen Urteil gar nicht interessiert. Im Vertretergeschäft ist diese Kundensorte vielleicht nicht so oft zu finden, da der Polarizer wegen seiner eingeschränkten Möglichkeiten auch ein schlechter

Einkäufer ist. Deswegen wird er als Buchhändler auch keinen Erfolg haben und auf Dauer nicht bestehen können.

Es ist aber vorstellbar, dass ein Polarizer ein Buchgeschäft betritt und nun dem armen Buchhändler begegnet. Der ist deshalb bedauernswert, weil der Kunde ihn desto mehr frustrieren wird, je mehr Mühe er sich mit ihm gibt. „Ich suche eine Urlaubslektüre", sagt der Polarizer harmlos. „Etwas Spannendes vielleicht?", fragt der Verkäufer. „Um Gottes willen, doch nichts Spannendes! Ich will mich erholen!" – „Dann wird Ihnen vielleicht dieser neue Roman gut gefallen, er handelt von –" – „Also, der wird mir bestimmt nicht gefallen, das sehe ich so schon!"

Hat man hier nun gar keine Chance? Im Gegenteil! Ich kann Ihnen schon an dieser Stelle raten: Steigen Sie einfach in die Struktur des Polarizers ein. Lenken Sie ihn mit seinen eigenen Methoden zum Verkaufsziel. Der Buchhändler könnte vielleicht sagen: „Ich selbst habe dieses Buch im Urlaub gelesen. Das ist ganz toll geschrieben. Doch ich glaube, das wäre nicht Ihr Geschmack." Bedenken Sie, dass der Polarizer nur das Gegenteil vertreten will! Also antwortet er: „Das glaube ich ganz und gar nicht! Gerade diese Autorin finde ich auch besonders gut!"

5

Das kommt Ihnen vielleicht recht simpel vor, doch der Polarizer ist (leider) so einfach gestrickt. Führen Sie ihn zum Ziel, indem Sie alles ansprechen, was ihn an der Zielerreichung hindern könnte. Er wird Ihnen dann nur zeigen wollen, dass es diese Hindernisse für ihn nicht gibt. Probieren Sie lieber diese Technik, anstatt sich zu ärgern und schlecht behandelt zu werden. Mit einem richtigen Polarizer können Sie dann sogar Ihren inneren Spaß haben.

Der hierarchische Typ

Diese Bezeichnung habe ich dem Buch „Du kannst mich einfach nicht verstehen" von Deborah Tannen entnommen. Dort schildert die Autorin, dass der hierarchische Kommunikationstyp eher unter Männern als unter Frauen zu finden ist. Diese Menschen erleben das Miteinander mit anderen immer als ein Leitersystem. Die Sprossen der Leiter sind ja bekanntlich übereinander angeordnet.

Aus diesem Grund kommt der hierarchische Typ gar nicht auf die Idee, dass Menschen auf ein und derselben Ebene miteinander verkehren könnten. Sie stehen entweder über oder unter ihm. Ich würde den hierarchisch denkenden Typ noch in zwei weitere Untergruppen aufteilen: in den autoritären und den autoritätsgläubigen Menschen. Der autoritäre Typ hat es ganz gern, wenn er Menschen auf der Leiter unter sich stehend vermutet. Der autoritätsgläubige Typ jedoch genießt es genau umgekehrt. Bei jeder Begegnung muss der hierarchische Typ – egal welcher Sorte – unbewusst herausfinden, wer nun oben oder unten ist: er oder sein Gegenüber.

Der autoritäre Typ reagiert schon allergisch, wenn Sie nur sagen: „Ich rate Ihnen –", oder: „An Ihrer Stelle würde ich –" Denn ein Mensch, der Rat benötigt, ist in der hierarchischen Ordnung ja schon von dem Ratgebenden abhängig, da dieser angeblich bessere Informationen als er selbst hat. Der autoritätsgläubige Typ hingegen möchte gern im Verkauf „bemuttert" oder auch „bevatert" werden. Er liebt natürlich Ratschläge und hofft darauf, dass Sie als Verkäufer für ihn entscheiden können, was er braucht. Leider muss doch gesagt werden – Klischee hin oder her –, dass der autoritätsgläubige Kunden-Charakter eher von Frauen als von Männern repräsentiert wird. Vor allem ist dieser Typ in der älteren Generation zu finden. Autoritätsgläubige Menschen mögen nicht, wenn Sie ihnen allzu viel Entscheidungsfreiheit beim Kauf einräumen. Ihr sicheres Urteil ist gefragt: „Sie müssen unbedingt –", oder: „Auf jeden Fall –" (dies oder jenes tun oder kaufen). Wenn Sie dabei noch auf den nonverbalen Rapport achten, haben Sie beim autoritätsgläubigen Typ kaum mit Killerphrasen zu kämpfen.

Etwas schwieriger ist es schon mit dem autoritären Typ. Es dürfte einleuchten, dass Sie diesen Kunden-Charakter eher unter den professionellen Händlern als beim Ladenkunden vorfinden. Einerseits hat dieser hierarchische Typ es nicht so gern, wenn andere über ihm stehen. Andererseits mag er es überhaupt nicht, wenn ein Verkäufer oder Vertreter – seiner Meinung nach – zu weit unter ihm steht. Dann hat er sofort Zweifel an Ihrer Kompetenz. Wie sollte man in einem solchen Dilemma kommunizieren?

Es gibt eine gute Möglichkeit, auch diese Kundensorte zu pacen. Hierzu muss man wissen, dass der autoritäre hierarchische Typ in der Kommunikation die sogenannte „Berichtssprache" benutzt.

Wenn er erzählt, zieht er seinen Kommunikationsbeitrag wie eine kleine Nachrichtensendung auf. Er rechnet eigentlich gar nicht mit einem Austausch im Gespräch, sondern möchte nur mit seiner „Sendung" beeindrucken, in die Sie nicht mit eigenen Beiträgen zum Thema hineinmoderieren sollten. Er akzeptiert jedoch, wenn Sie nach einer gewissen Zeit eine eigene „Nachrichtensendung" bringen. Die muss mit seinem Thema gar nichts zu tun haben. Das Pacing findet darüber statt, dass Ihr Beitrag ebenso fundiert und kompetent wie der seine aufgezogen ist.

Eine Verlagsvertreterin hat in ihren Verkaufsgesprächen von einigen Buchhändlern schon zu hören bekommen: „Es wird ja doch alles geklaut." Dieser Satz birgt durchaus das Potenzial einer Killerphrase, da er thematisch eine Musterunterbrechung darstellt. Denn was hat das Thema „Klauen" damit zu tun, dass man seinem Gegenüber Bücher verkaufen möchte? Natürlich gibt es mehrere Möglichkeiten, mit diesem Satz konstruktiv umzugehen. Vielleicht ist der Händler tatsächlich eben gerade beklaut worden und möchte einfach seine Frustration bei jemandem loswerden. Ist der Kunde jedoch ein autoritärer Typ, könnte die Bemerkung nur der Auftakt zu einer kleinen „Nachrichtensendung" sein, die er schon immer gerne einmal senden wollte. Er spricht über das Klauen, kommt dann auf die Jugend zu sprechen, findet von dort aus den Faden zu den Umständen der eigenen Kindheit und vergleicht früher mit heute.

5

Ist nun sein „Sendebeitrag" beendet, können Sie einen eigenen mit einer ganz anderen Thematik einbringen. Sie könnten über die Gesundheitsreform, Aquarienfische, über Steuergesetzgebung oder die Lebensweise der Menschen im Emirat Oman erzählen. Ziehen Sie Ihre „Sendung" ähnlich fundiert auf wie er, wird er Sie dafür schätzen. Geben Sie also Detailwissen ein, benutzen Sie Fachwörter und formulieren Sie selbstsicher Ihre Meinung zu dem vorgetragenen Stoff. Dieser kleine „Sende-Wettstreit" gibt dem autoritären Typ das Gefühl, dass Sie jemand mit „Ahnung" sind – so wie er. Selbstverständlich sollten Sie seine Sendung würdigen. Das gibt ihm das Gefühl, eine „hohe Einschaltquote" erzielt zu haben. Ich möchte noch einmal betonen, dass Sie keine eigene Meinung zu seinem Beitrag äußern und ihn mit jeglicher Hilfestellung in Form von Ratschlägen in Ruhe lassen sollten.

Der symmetrische Typ

Auch dies ist eine Bezeichnung von Deborah Tannen, die ihrer Meinung nach eher auf Frauen zutrifft. Es gibt jedoch auch eine Reihe von Männern, die symmetrisch empfinden und denken. Diese Männer haben jedoch oft innere Konflikte mit hierarchischen Männersystemen – doch das ist ein anderes Thema. Im Gegensatz zum hierarchischen Typ erleben die symmetrischen Menschen die anderen auf der gleichen Ebene. Sie lieben Gruppenereignisse und schätzen Teamarbeit. Sie glauben an Grundannahmen wie „Gemeinsam schaffen wir's!". Außerdem mögen sie es, wenn Andere Erlebnisse und Eindrücke mit ihnen teilen. Sie fühlen gern mit Anderen und erwarten das umgekehrt auch von Anderen.

Aus diesem Grund reagiert der symmetrische Typ ebenfalls sehr empfindlich auf Ratschläge. Sie bringen ihn um die Geborgenheit zwischenmenschlicher Nähe, die er so liebt. Das kann zwischen Männern und Frauen ein tragisches Dilemma ergeben. Sie sagt beispielsweise: „Ich hab' mich heute wieder so sehr über meine Kollegin aufgeregt!" Nun denkt der Mann, dass seine Frau ihn um Hilfe bittet, das Problem zu lösen. Sie ist die Schwächere, die Ratsuchende, und er soll die Lösung erarbeiten. Vielleicht rät er: „Wenn sie das nächste Mal wieder so ist, sag ihr doch einfach –!" Nun kann er gar nicht verstehen, dass sie sich eingeschnappt zurückzieht. Denn für den symmetrischen Menschen heißt ein Ratschlag: „Lösung gefunden, Gespräch beendet." Und gerade dieses Gefühl von „Abgeschoben-Werden" ist schlimm. Symmetrische Menschen lieben eher Reaktionen, wie: „Hat sie das wirklich gesagt? Also, das ist doch die Höhe! Was denkt sie sich nur dabei?!" Auf diese Weise wird die symmetrische Verbundenheit aufrechterhalten. Man sitzt im selben Gefühlsboot. Das ist wichtig. Lösungen sind uninteressant.

Sagt also der symmetrisch „gestrickte" Kunde: „Es wird ja doch alles geklaut", wünscht er sich eher Ihre Anteilnahme. „Wie viel denn? Wann war das? Und Sie haben es nicht bemerkt? Das ist ja schlimm", usw. Bei diesen Sätzen blüht der symmetrisch Empfindende auf. Anti-Diebstahl-Lösungen hingegen findet er uninteressant. Der autoritäre hierarchische Typ würde bei diesen mitfühlenden Bemerkungen, die dem Symmetrischen so gut tun, deutlich abweisend und ignorierend reagieren. Hieran kann man sehr genau feststellen, ob man einen hierarchischen oder symmetrischen Kunden-Charakter vor sich hat.

Selbstredend begrüßt der Symmetrische auch jede Feststellung von Gemeinsamkeiten. Kennen Sie vielleicht auch den Urlaubsort, den er so liebt? Mögen Sie wie er Katzen? Haben Sie auch Heuschnupfen oder kennen Sie zumindest jemanden, der wie Ihr Kunde Heuschnupfen hat? Gelingt es Ihnen, diese Atmosphäre des Sich-verbunden-Fühlens herzustellen und zu pflegen, können Sie durchaus zum Lieblingsverkäufer Ihres Kunden avancieren.

Der Komplizierte

Dieser Kunden-Charakter kommt mit riesigen Bugwellen daher. Er hinterlässt in Ihrem Büro die Nachricht, dass Sie unbedingt zurückrufen sollen – ist jedoch nicht zu erreichen. Ihre Sekretärin ringt schon mit dem Atem, wenn nur der Name fällt. Denn er wünscht sich Zusatzbemerkungen auf der Rechnung, die kein Finanzamt für nötig hält – aber er braucht sie eben dringend. Es kommen lange Faxe mit speziellen Fragen, die kein Mensch beantworten kann. Am liebsten würde dieser Kunde immer am Freitag Abend gegen 23.00 Uhr bei Ihnen zu Hause anrufen, um Wichtiges zu besprechen. Denn das ist die Zeit, die ihm am besten passt.

Dieser Kunden-Charakter ist durchaus als beziehungsgestört zu bezeichnen. Er verlangt doppelt so viel Energie und Aufmerksamkeit wie zehn „normale" Kunden. Das gibt ihm ein Gefühl von Wichtigkeit. Diese Menschen sind natürlich „Muss-Kandidaten" für die Mentalstrategie „Krokodile mit Clownnasen" (siehe Kapitel 4). Als weitere Maßnahme sollten Sie in diesen Fällen objektiv durchrechnen, wie viel Umsatz dieser unangenehme Kunde Ihnen überhaupt einbringt. Oft gibt es hier eine Überraschung. Denn meist schätzt man den komplizierten Kunden aufgrund seiner Wichtigtuerei als einen bedeutenden Umsatzfaktor ein – der er manchmal gar nicht ist.

Sollten Sie Ihnen unterstellte Mitarbeiter haben, beispielsweise eine Assistentin, bedürfen diese Ihres Schutzes und Ihrer Solidarität im Umgang mit den komplizierten Kunden. Sagen Sie

Ihren Mitarbeitern, dass Sie nicht von Ihnen erwarten, diese nimmersatte Kundensorte optimal zufriedenzustellen. Erarbeiten Sie gemeinsame Strategien, um mit dem ungeliebten Kunden besser fertigzuwerden.

Auch in diesem Fall kann Ihnen das Pacing nützen. Zeigen Sie dieser Sorte Kunden, dass auch Sie Ihre genauen Vorstellungen haben – genau wie er. Nach 20 Uhr sind Sie beispielsweise nicht mehr zu sprechen – zumindest sagen Sie das diesem speziellen Kunden. Er bekommt auch nicht die komplizierte Rechnung, da Ihr Steuerberater definitiv gesagt hat, dass dies überflüssig sei. Ansonsten ist es natürlich selbstverständlich, Kundenwünsche möglichst individuell zu berücksichtigen. Doch die Wünsche dieser komplizierten Kandidaten sind keine Kundenwünsche. Mit Geschäftsabwicklung haben sie nichts zu tun, sondern mit dem ganz persönlichen Wunsch, möglichst viele Menschen für die eigene Persönlichkeit in Atem zu halten.

Wichtig: Wenn Sie rechtzeitig und konsequent Ihre Grenzen zeigen, können Sie die destruktive Energie dieser Kunden zufriedenstellend eingrenzen. Sind Sie zu vorsichtig und lenkbar, gewinnt der Komplizierte immer mehr Oberwasser. Und da er ein Nimmersatt ist, ist er auch mit dem allergrößten Entgegenkommen noch nicht zufrieden. Demnach müssen Sie ohnehin irgendwann Ihre Grenze zeigen. Dann tun Sie es doch besser rechtzeitig.

Schützen Sie sich davor, Ihre Verkaufsenergie allzu intensiv an die komplizierten Kunden zu verschwenden. Es besteht nämlich die Gefahr, dass diese wertvolle Energie dann bei den angenehmen und „pflegeleichten" Kunden fehlt.

Der Pflegeleichte

Diese Kunden verhalten sich angenehm und unauffällig. Sie sind höflich, bestellen und bezahlen pünktlich und kommen gern entgegen. Sie haben Verständnis, wenn bei Ihnen einmal alles drunter und drüber geht. Als Käufer im Geschäft stellen sie sich an und warten, bis sie dran sind.

So ist es auch verständlich, dass die pflegeleichten Kunden subjektiv nicht so viel Gedankenraum einnehmen wie die komplizierten.

Weil mit ihnen alles glatt läuft, wirken sie manchmal nahezu unscheinbar auf den Verkäufer. Und hierin besteht auch eine große Gefahr. Es kommt nur allzu oft vor, dass pflegeleichte Kunden für ihre Höflichkeit und Bescheidenheit Nachteile erleiden. Kommt der Komplizierte mit seinem Riesentrara daher, stehen alle Kopf und strengen sich an. Hat man es mit dem Pflegeleichten zu tun, lässt man in seinen Bemühungen schnell einmal fünf gerade sein. Gibt es beispielsweise Lieferengpässe, bedient man lieber die komplizierten Kunden, um den ganzen Ärger zu vermeiden. Die Pflegeleichten werden oft als strapazierfähiger eingeschätzt, da macht es ja nichts, wenn man erst später liefert. Sicher haben sie Verständnis, wenn man ihnen die Situation erklärt – das hatten sie doch sonst auch immer.

Doch dieses Vorgehen ist äußerst fragwürdig. Man sollte umgekehrt denken und gerade die pflegeleichten Kunden belohnen und ihnen entgegenkommen, wo man nur kann. Es ist wichtig, auch Ihre Mitarbeiter zu instruieren, so zu denken und zu handeln. Die Pflegeleichten sind der wertvollste Bestandteil Ihres Kundenstamms. Je mehr Kunden dieser Sorte Sie haben, desto gewinnbringender können Sie Ihre professionelle Energie einsetzen. Je weniger „Killer" Ihrer Energie unter den Kunden sind, desto weniger „Killerphrasen" müssen Sie ertragen und knacken.

Bemühen Sie sich deshalb um die pflegeleichten Kunden. Schenken Sie Ihnen die Verkäuferenergie, die der Komplizierte so gern von Ihnen einfordern will. Die Pflegeleichten sind nämlich nicht dumm. Sie können Ihre Aufmerksamkeit sehr gut würdigen – was sich natürlich dann in der Bilanz positiv wahrnehmen lässt.

5

Das Phrasen-Kickspiel

Möglichkeiten zum kreativen Umgang mit Phrasen

Die vorangegangenen Kapitel über die nonverbale Kommunikation und verschiedene Kunden-Charaktere bilden die Grundlagen, auf denen das Phrasen-Kickspiel gespielt wird. Diese Grundlagen dienen dem vorsorglichen „Einweichen" von Killerphrasen, damit sie überhaupt knackbar sind. Das Phrasen-Kickspiel selbst zeigt Ihnen zwölf verschiedene Möglichkeiten, um kreativ mit verschiedenen Phrasen umzugehen. Dabei liegt immer wieder die Phrasenstruktur „A gleich/verursacht B" zugrunde, wie ich es in der Einleitung schon ausführlich beschrieben habe. Ziel des Spiels ist es, dass Sie bei allen oder den meisten Killerphrasen, die Ihnen im Verkauf begegnen können, gelassen und guter Dinge bleiben. Sie haben nun schon mehrfach gelesen, wie wichtig gute Laune und Spaß für Ihr Wohlbefinden und Ihren Verkaufserfolg sind. Deshalb bezeichne ich dieses Training in Schlagfertigkeit und Verhandlungsgeschick auch als „Spiel", da ich mit den Beispielen gezielt Ihre positive Spiel-Power ansprechen möchte.

Es dürfte einleuchten, dass Sie bei den Beispielen nicht alle möglichen Killerphrasen, die Ihnen selbst schon einmal gefährlich wurden, wiederfinden werden. Einige Sätze werde ich pro Spielzug auch mehrmals als Beispiel heranziehen, um die Vielfalt des Spiels zu verdeutlichen. Sie werden jedoch ohne Weiteres in der Lage sein, die vorgestellten Spielzüge auch auf Ihre Erfahrungen und Ihren Alltag umzumünzen.

Entschärfen oder zurückschießen

Außerdem zeige ich Ihnen im Phrasen-Kickspiel einige unterschiedliche „Kaliber", mit denen Sie kommunizieren können. Es gibt beispielsweise viele Möglichkeiten, Killerphrasen freundlich zu „entschärfen". Sie haben jedoch auch die Wahl, richtig „zurückzuschießen". Diese Entscheidungen hängen davon ab, wen Sie vor sich haben und welches Ziel Sie im Gespräch erreichen möchten.

Manchmal kann es sogar sein, dass Sie in eine Verkaufssituation geraten, die gar keine ist. Es gibt immer wieder Menschen, die als Kunden getarnt die Verkaufssituation nutzen, um ihre Aggressionen auszuleben oder Stress abzubauen. Hier kann Ihnen das

Phrasen-Kickspiel helfen, Ihre Verkäuferwürde zu wahren und auch angemessen Ihre menschlichen Grenzen zu zeigen.

Ihre guten und seriösen Kunden werden Sie natürlich nicht so oft mit Killerphrasen überraschen. Sie werden die gängigen Einwände bringen, die Sie mit Ihrem üblichen Erfahrungsschatz in Verkaufserfolge umwandeln können. Doch auch für konstruktive Kundenkontakte ist das Phrasen-Kickspiel sehr wertvoll. Verkauf und Einkauf machen mehr Spaß und erhalten Erlebniswert. Ihr Kunde wird sich in Zukunft immer mehr auf die Begegnung – und auf das Spielen mit Ihnen – freuen.

Gewinnerlebnis auf beiden Seiten

Apropos Spiel: Ganz bewusst heißt das Phrasen-Kickspiel nicht „Phrasen-Wettkampf". Es geht nämlich nicht darum, den Kunden als „Gegner" zu erleben, der auf jeden Fall ausgeschaltet werden muss. Ein gutes Spiel ist nur dann ein Spiel, wenn beide mit einem Gewinnerlebnis daraus hervorgehen.

Natürlich bringen Sie den Kunden dazu, sein Geld in Ihr Angebot zu investieren. Und natürlich ist seine Investition Ihr Gewinn. Doch Sie haben nur etwas von dem eigenen Gewinn, wenn auch der Kunde aus dem Spiel mit einem Gewinn hervorgeht, wenn er also ganz schlicht mit seiner Errungenschaft zufrieden ist. Dann allerdings möchte er immer wieder gerne mit Ihnen spielen bzw. sich gerne von Ihnen überreden lassen.

6

Wenden Sie sich nun dem Phrasen-Kickspiel zu. Damit Sie die vorgestellten Reaktionsmöglichkeiten auf Killerphrasen gut behalten können, habe ich Ihnen die einzelnen Strategien, die hier „Kicks" heißen, als Ballspiel-Metapher dargestellt.

Kick 1: Aus Geschossen werden Spielbälle

Der erste Spielzug gibt Ihnen die Möglichkeiten, aus einem „schweren Geschoss" einen Softball zu machen, während er noch durch die Luft fliegt. Soll heißen: Sie sorgen dafür, dass der Ball schon ganz weich und leicht bei Ihnen ankommt. Ihr Gesprächspartner wundert sich, dass Sie gar nicht schwer getroffen umfallen, sondern gelassen mit dem Ball jonglieren. So erhalten Sie wertvolle mentale Sicherheit, aus der heraus Sie dann Ihre anderen Antwortkicks entwickeln können.

Mit Geschossen meine ich bei diesem speziellen Spielzug keine kompletten Sätze, sondern einzelne im Satz enthaltene Killerwörter, die Ihre Energie blockieren könnten. Dies könnten Wörter sein wie „Humbug", „Quatsch", „Unsinn" oder „Idiot". Es gibt viele seriöse Verkäufer, die sich von solchen Begriffen völlig verunsichern lassen. Ein bayerischer Anzeigenvertreter erlebte diese Energieblockade stets, wenn seine Kunden das Wort „Schmarrn" als Reaktion auf seine Ausführungen von sich gaben.

Wirkungsvolle Visualisierungstechniken

Der Kick besteht nun darin, diesem Wort von vornherein seine Wirkkraft zu nehmen, ihm quasi die Luft auszulassen. Dazu „erzählen" Sie Ihrem Gehirn wieder detailliert, wie das Wort eigentlich auf Sie wirken soll: harmlos, witzig oder unbedeutend. Benutzen Sie dafür eine wirkungsvolle Visualisierungstechnik, die dem Bereich der Werbung entnommen ist. In der Werbung gibt man nämlich viel Geld aus, um Namen und Wörter mit optischen und klanglichen Mitteln eine ganz bestimmte Charakteristik zu geben. Die korrekte Schreibweise des Wortes bleibt dabei vollständig erhalten. Nur die sinnliche Repräsentation wird mit kreativem Know-how so entwickelt, dass beim Betrachter ganz bestimmte Gefühle entstehen.

So würde ein Spielzeugladen-Besitzer den Schriftzug „Spielwaren" immer in quietschend bunten Buchstaben über seinem Geschäft anbringen. Schon haben Kinder und Eltern das Gefühl, hier richtig zu sein. Er käme nie auf die Idee, den Schriftzug in großen schwarzen Lettern auf weißem Untergrund zu präsentieren – schließlich ist er kein Bestattungsunternehmer.

Bildliche und klangliche Darstellungen von Wörtern erzeugen demnach Gefühle. Diese Tatsache nutzen Sie nun aus. Wenn Sie sich das Wort „Humbug" in zartrosa Babyschrift vorstellen, schrumpft es in seiner Wirkkraft auf Kleinstkind-Niveau. Man hat das Gefühl, jemand Kleines hätte etwas Niedliches geplappert. Schon fühlt man sich nur gekitzelt statt angegriffen.

Jeder hat nach diesem Prinzip andere Ideen. Eine Kundin von uns stellt sich jetzt immer das Wort „Reklamation" so vor, als wären die

6

einzelnen Buchstaben bunter Wackelpudding. „Das sieht eigentlich ganz lecker aus", kommentiert sie den Effekt, „und mir vergeht deshalb bei dem Wort auch nicht mehr der Appetit. Ich muss innerlich beim Gedanken an die Buchstaben-Puddings immer schmunzeln. Der Effekt: Ich bleibe freundlich und gelassen und finde so viel schneller Wege, um meine Kunden wieder zufriedenzustellen."

Bei dem Außendienstler mit der „Schmarrn"-Phobie kam die Mental-Hilfe nicht infolge einer visuellen Strategie, sondern aufgrund der auditiven „Quietsche-Entchen"-Technik: „Ich höre das Wort in Gedanken wie eben von einem Quietsche-Entchen ganz schnell und hoch ausgesprochen. Das gibt sofort einen positiven Kick, der mich am Ball bleiben lässt."

Ein weiterer Mental-Kick kann die „Luftballon"-Technik sein. Sie hilft besonders bei ungeliebten Kunden. Visualisieren Sie den Namen des unsympathischen oder komplizierten Kunden in Ihrer Vorstellung auf einem großen Luftballon. Nun nehmen Sie in Gedanken eine Stecknadel in die Hand und pieksen damit in den Ballon. Entweder platzt er oder er sinkt jämmerlich in sich zusammen. Sofort muss man innerlich grinsen.

Wenn Sie selbst mit dieser wirklich wirkungsvollen Methode arbeiten möchten, schreiben Sie sich einmal in Ruhe alle Killerwörter auf, die Sie schon einmal von Kunden gehört haben. Natürlich gehören dazu auch branchenspezifische Begriffe. So kann ein Buchhandelsvertreter in den Momenten, in denen er gerade ein Hardcover-Produkt verkaufen möchte, sogar das Wort „Taschenbuch" als Killerwort empfinden. Dieser Begriff ist für einen Laien natürlich völlig neutral belegt. Sehen Sie hier noch einige Beispiele für eine „Killerwörterliste":

6

Unspezifische Killerwörter
■ „Quatsch"
■ „Humbug"
■ „Unsinn"
■ „Schmarrn"
■ „junger Mann"

Spezifische Killerwörter

- Wörter wie „Reklamation"
- Namen der Konkurrenz, die der Kunde im Gespräch erwähnen könnte
- abfällige Bezeichnungen für Ihr Produkt

  (z. B. „Schleuder" für Auto oder „Busenblatt" für eine Zeitschrift)
- Namen von unangenehmen Kunden

Konstruktive Überraschungen

Jeder Verkäufer kann auf diese Weise mindestens drei Killerwörter nennen, von denen er sich immer wieder negativ beeinflusst fühlt. Haben Sie Ihre Wörter gefunden, können Sie das Killerwort zunächst in den eigenen vier Wänden entschärfen, indem Sie sich eine Präsentation einfallen lassen, die aus dem Geschoss einen weichen Spielball macht. Nach dieser Vorbereitung werden Sie dann in der konkreten Situation angenehm davon überrascht sein, dass Sie sich blitzschnell an Ihren „Mental-Zauber" erinnern, wenn ein Kunde das betreffende Wort sagt.

Sie können auch für sich herausfinden, ob eine persönliche Standard-Repräsentation zuverlässig eine entstressende Wirkung garantiert: die „Luftballon-Technik", der „Quietsche-Entchen-Trick", der „Pudding-Zauber", die „Baby-Schrift" usw. Entwickeln Sie eigene Ideen. Haben Sie in diesem Sinne eine zuverlässige Mentalstrategie gefunden, können Sie diese auch blitzschnell bei überraschenden Killerwörtern im Gespräch einsetzen, um innerlich im Kontakt mit den eigenen Kraftquellen zu bleiben.

Es gibt noch ein zentrales Killer-Wort, das Sie mit dieser Technik erfolgreich zum Softball machen können: Das gefürchtete Nein kommt Ihnen dann plötzlich so unbedeutend vor, dass Sie sogar von innen heraus lächeln können, wenn Sie es hören. Bereits Ihr Lächeln oder Ihr entspannter Gesichtsausdruck kann eine konstruktive Überraschung für den Kunden sein, der natürlich unbewusst eine ganz andere Reaktion erwartet. Sie signalisieren so,

6

wie sehr Sie von der Güte Ihres Angebots überzeugt sind, und vermitteln höchste Kongruenz.

Reaktionen auf Schlüsselwörter

Es gibt eine Reihe von medizinischen Messverfahren, die die vielfältigsten physiologischen Reaktionen unseres Körpers auf Wörter und Begriffe nachweisen: Der Herzschlag, der hautgalvanische Widerstand, unsere Muskelanspannung reagieren blitzschnell auf gesprochene oder gedachte Wörter. Auf der Basis dieses Wissens wurde vor vielen Jahren auch der Lügendetektor entwickelt. Mit diesem konnte man jedoch nicht testen, ob ein Mensch die Wahrheit sagt. Es ließ sich lediglich nachweisen, wie heftig Menschen körperlich auf Schlüsselwörter reagieren, was noch lange nichts mit Wahrheitsfindung zu tun hat. Auf der Basis dieser Zusammenhänge kann man aber signifikant testen, dass Killerwörter, nachdem man sie in ihrer sinnesspezifischen Darstellungsqualität geändert hat, deutlich kraftvollere und positivere Körperreaktionen als zuvor bewirken.

Näheres über diese Methode können Sie in meinem Buch „Magic Words – der minutenschnelle Abbau von Blockaden" lesen. Hier erfahren Sie auch weitere Erklärungen zur Wirkweise dieser Mentaltechnik unter „gehirntechnischen" Gesichtspunkten.

6

Dieser spezielle Umgang mit Killerwörtern ist als „erste Hilfe" zu verstehen, um in einer guten Verfassung zu bleiben. Die nächsten Kicks zeigen Ihnen konkrete Antworten, die Sie aktiv auf die Killerphrasen geben können.

Kick 2: Das Spielfeld wechseln

Im Sport gibt es den Begriff „Heimspiel". Dabei treten Sportler gegen eine gegnerische Mannschaft in ihrer Heimatstadt oder im Heimatland an. Und obwohl das Spielfeld für ein bestimmtes Spiel immer nach den gleichen Regeln aufgebaut ist, soll das Heimspiel einen Vorteil bringen. Dieser Vorteil ist rein psychologischer Natur. Die Umgebung ist vertraut, die Reaktion der Zuschauer ist positiv, das Heimatgefühl gibt subjektiv einen sicheren Boden unter den Füßen. Im Kommunikationsjargon des NLP würde man sagen, dass das Spielfeld den optimalen Metarahmen für den oder die Spieler aufweist. Die Umgebung, in die es eingebettet ist, bietet einen entscheidenden qualitativen Beitrag zu seiner Güte.

Ein neuer Metarahmen

Im Umgang mit Killerphrasen können Sie erreichen, dass Ihr Gesprächspartner, der sich sicher in einem Heimspiel wähnt, plötzlich in ein Auswärtsspiel auf fremden Rasen gezaubert oder – um es in Raumschiff-Sprache auszudrücken – „gebeamt" wird. Spiel und Spielfeld sind gleich geblieben. Nach wie vor geht es um Verkauf und Einkauf. Doch der vertraute Metarahmen ist plötzlich gegen einen fremden, unverhofften Rahmen ausgetauscht worden. Der Metarahmen wird im Gespräch von den Themen bestimmt, über die gerade inhaltlich gesprochen wird.

Nehmen wir als Beispiel für diesen Kick die Allerweltsphrase „Das ist viel zu teuer". Obwohl jeder Verkäufer fast stündlich mit ihr rechnen muss, kann dieser Satz immer wieder die Wirkung einer Killerphrase entfalten. Sie sind besonders gefährdet, wenn Sie selbst davon überzeugt sind, ein gutes und faires Preis-Leistungs-Verhältnis anzubieten. Wenn Sie einen Preisspielraum und somit ein Aushandeln einkalkuliert haben, ist diese Phrase nicht besonders „killend". Ist Ihr Angebot jedoch bereits das Ergebnis einer äußerst knappen Kalkulation, kann sie einem den festen Boden rauben.

Das Rahmenthema dieser Phrase bezieht sich aktuell auf Ihr Angebot. Ihre Produkte oder Ihre Dienstleistung bekommen eine Bewertung, indem der Kunde diese als zu teuer bezeichnet. Sie können nun den kompletten Metarahmen austauschen, indem Sie das Spielfeld in einen anderen Themenbereich verlegen.

Ich kenne einen Immobilienmakler, der bei dem Satz „Das ist viel zu teuer" Folgendes antwortet: „Wenn Sie es wünschen, können wir Ihnen eine sehr gute Finanzierung vermitteln."

Was ist hier passiert? Er formuliert seinen Satz so, als hätte der Kunde gesagt: „Ich habe nicht genug Geld." Das ist natürlich ein ganz anderes Thema als die Frage, ob das Haus zu teuer angeboten wird. Natürlich führt diese spezielle Antwort nur zum Verkaufserfolg, wenn das Haus tatsächlich – wie oben schon erwähnt – zu einem reellen Preis angeboten wird. Plötzlich steht nun der Kunde mit seinen Finanzverhältnissen im Mittelpunkt der gemeinsamen Aufmerksamkeit. Das Spiel findet thematisch plötzlich in einer ganz neuen Umgebung statt.

Ganz egal, wie das Gespräch nun weitergeht – Sie haben Zeit gewonnen. Ein Wechsel des Metarahmens bzw. eine überraschende Spielfeldverlegung verursacht im gedanklichen Konzept Ihres Gesprächspartners eine Musterunterbrechung. Das Gespräch ist wieder nach allen Seiten offen. Voraussetzung für derartige Manöver ist natürlich der gute Rapport, den Sie bereits im Small Talk mit Ihrem Kunden aufgebaut haben. Besteht jedoch eine gute Wellenlänge und Sie tragen Ihren Satz in einer kongruenten Körperhaltung vor, entsteht beim Gegenüber der Eindruck, dass Sie von Ihrer Interpretation der Bedeutung seines Satzes völlig überzeugt sind. Außerdem ersparen Sie es sich, Ihr Angebot verteidigen zu müssen. Stattdessen zeigen Sie mit Ihrer Antwort, dass es außerhalb des Rahmens Ihrer Vorstellungskraft liegt, dass Ihr Angebot zu teuer ist, und Sie gar keine andere Wahl haben, als den Einwand des Kunden für ein Eingeständnis seiner Finanzschwäche aufzufassen. Natürlich kann der Kunde erwidern: „Das habe ich nicht gesagt." Doch auch mit diesem Satz spielt er immer noch in dem neuen, von Ihnen entworfenen Spielfeld. Er verneint Ihre Interpretation und macht sie dadurch nur zum gedanklichen Walfisch. Man könnte jetzt gelassen und kongruent erwidern: „Ich habe es einfach so verstanden."

Der Makler berichtete auch, dass seine Interpretation dieses Satzes häufig sogar in eine Erleichterung beim Kunden mündet. „Oft ist die Bemerkung, eine Sache sei zu teuer, tatsächlich nur ein vorgeschobenes Argument. Wenn wir dem Kunden zeigen, dass Finanzierungsfragen beim Hauskauf ganz natürlich sind, können wir ihm sogar die Hemmung nehmen, sich wegen seiner Finanzlage schlecht zu fühlen. Manchmal kann das gemeinsame Durchrechnen einer Finanzierungsmöglichkeit sogar tatsächlich ergeben, dass der Kunde sich überschätzt hat. Auch in einem solchen Fall ist dann allen Seiten geholfen. Meine Partner und ich haben alle keine Lust, von den Kunden als Anker an eine finanzielle Talfahrt

6

erinnert zu werden. Diese Einstellung hat uns langfristig bisher sehr viel Vertrauen und Erfolg eingebracht."

Satzinhalte interpretieren

Wenn Sie für ein Gespräch einen neuen Metarahmen schaffen wollen, müssen Sie also dem Satzinhalt Ihres Gegenübers eine Interpretation geben. Sie betrachten das Phänomen der kompletten Satzaussage als Anlass, um dem Satzgehalt eine bestimmte Bedeutung zu verleihen. Gedanklich oder wörtlich passen folgende Einleitungssätze zur allgemeinen Interpretation:

„Das bedeutet also –" (Interpretation)

„Das verstehe ich dann so und so –" (Interpretation)

„Das zeigt mir, dass –" (Interpretation)

Sie arbeiten demzufolge mit dem vollständigen Gebilde:

A gleich/verursacht B. Dabei vertauschen Sie das gesamte Satzgebilde mit einem vollständig neuen und gehen inhaltlich weder auf A noch auf B ein. In dem obigen „Zu teuer"-Beispiel hieße die gesamte Kombination aus dem gedanklichen und dem ausgesprochenen Aussagepart:

6

Gedanklicher Part

„Da mein Angebot nicht zu teuer ist, kann ich die Antwort nur dahingehend verstehen, dass mein Kunde nicht über die nötigen Mittel verfügt, um zu kaufen."

Aussage-Part

„Wenn Sie es wünschen, können wir Ihnen eine sehr gute Finanzierung vermitteln."

Ausnahmsweise möchte ich als Dialogbeispiel für diese Kick-Technik noch eine wahre Begebenheit erwähnen, in der ein Kunde eine Verkäuferin zum Verkauf überreden musste. Ich nenne diese Begebenheiten immer „Verkauf rückwärts".

Beispiel 1:

Ein Hamburger Ehepaar ging zur Weihnachtszeit durch die Geschäfte. Da sahen die beiden in der Auslage eines kleinen Herrenausstatters ein schönes Hemd liegen. Sie betraten den Laden. Er sagte zur Verkäuferin: „Ich interessiere mich für das gestreifte Hemd, das Sie im Schaufenster liegen haben." Die vom Weihnachtsverkaufs-Stress sichtlich angegriffene Verkäuferin antwortete genervt: „Das habe ich nicht mehr auf Lager. Das Hemd in der Dekoration ist das letzte – soll ich Ihnen das extra herausholen?" Daraufhin sagte der NLP-trainierte Kunde: „Da müssen Sie ja wirklich eine sehr gute Verkäuferin sein, wenn dies das letzte Hemd vom Vorrat ist!" Sofort war die Frau wie umgewandelt. Die Arbeit, das Hemd aus dem Schaufenster zu holen, bekam nun eine völlig neue Bedeutung, sprich einen neuen Metaframe. Die Mühe bedeutete für sie thematisch, eine gute Verkäuferin zu sein, und nicht mehr Stress und Mehrarbeit.

Ein weiteres Beispiel für den Spielrahmen-Kick könnte folgender Dialog zwischen Buchhändler und Vertreter sein:

6

Beispiel 2:

Buchhändler: „Das kann ich mir nicht leisten."

Vertreter: „Da bin ich aber überrascht. Gerade bei Ihnen war ich mir sicher, dass Sie diese Bücher mit als erster anbieten wollen."

Der Bedeutungsgedanke hieße dann so: „Dass Sie so auf mein Angebot reagieren, zeigt mir, dass ich Sie falsch eingeschätzt habe."

Sehr viele Menschen reagieren ganz neugierig auf die Frage, wie sie von anderen gesehen und eingeschätzt werden. Oft wird es sogar als schmeichelhaft empfunden, dass Sie sich offensichtlich überhaupt Gedanken über die Persönlichkeit Ihres Gegenübers machen. Stimmt die Wellenlänge, könnte durchaus die Frage kommen: „Wie schätzen Sie mich denn ein?" Schon ist ein anderes Thema angeschnitten.

Sie können den Metarahmen auch wechseln, indem Sie das zeitliche und thematische Auftreten der Killerphrase kommentieren.

Buchhändler: „Mein Lager ist schon übervoll, wo soll ich denn das noch unterbringen?"

Verkäufer: „Ich muss Ihnen ganz ehrlich sagen: Von diesem Argument bin ich jetzt wirklich überrascht. Würde Sie das wirklich am Einkauf hindern?"

Das Thema heißt jetzt nicht mehr: „Ist das Lager zu voll?" Den neuen Metaframe bildet die Frage: „Ist dieses Argument überhaupt ein Argument?" oder auch: „Kann ich diesen Einwand wirklich ernst nehmen?" Eine erfahrene Buchhandelsvertreterin sagte übrigens zu dieser Händler-Bemerkung: „Natürlich ist dieser Einwand kein richtiger Einwand. Denn im Ernstfall würde jeder gute Händler diesen Einwand zurücknehmen. Er hat damit ja nur eine eigene Schwäche gezeigt. Es kommt nämlich der Verdacht auf, dass er die falschen Mengen und Titel einkauft, wenn er auf seinen Beständen sitzen bleibt."

6 Der Wechsel des gesamten thematischen Spielfelds ist eine sehr wirkungsvolle Strategie, wenn Sie gar nicht erst weiter in ein Thema einsteigen möchten, das Ihr Gegenüber aufgreift. Haben Sie im Wechsel des Metarahmens etwas Übung, wird Ihr Gesprächspartner Ihrer Themensteuerung bereitwillig folgen. Gestalten Sie dann das neue Thema interessant und spannend genug, wird er auch bei Ihrem „Heimspiel" gern mitstreiten. Oft ergibt sich dann in der Kommunikationsschleife die Gelegenheit, wieder auf eine für beide Seiten konstruktive Weise auf das Ausgangsthema zurückzukommen. Für den Verkaufserfolg ist es positiv, dass die durch den Metarahmenwechsel erreichte Themenvielfalt dem Kunden eine Weitwinkeloptik auf Ihr Angebot ermöglicht.

Kick 3: Bumerang

Haben Sie auch den wunderschönen und erfolgreichen Spielfilm „Forrest Gump" gesehen? In diesem Film taucht immer wieder eine Art Schlüsseldialog zwischen dem geistig eingeschränkten, liebenswerten Filmhelden und seinen Mitmenschen auf. Forrest Gump wird gefragt: „Sagen Sie, sind Sie eigentlich dumm?" Darauf antwortet er: „Dumm ist nur, wer Dummes tut." Das ist natürlich eine sehr kluge Antwort, die ihm von seiner Mutter als Kommunikationsausrüstung mit auf den Weg gegeben wurde. Das Wort „dumm" kehrt wie ein Bumerang zum Fragenden zurück. Dabei bekommt dieser das Gefühl, den Satzball selbst abgeschickt zu haben, da er ja mit dem Wort „dumm" angefangen hat.

Der Wörter-Kurzschluss

Bei der Bumerang-Technik vollführt man demzufolge Satzkombinationen mit den Begriffen, die der Absender der Killerphrase in den Umlauf der Verkaufsschleife gebracht hat. Dabei gibt es zwei Satzbereiche, aus denen Sie die Bumerangwörter auswählen können: Satzteil A und B.

A	gleich/verursacht	B
„Der Mercedes	ist	zu teuer."

6

Bumerang-Technik mit Satzteil A

„Dafür ist der Mercedes aber auch ein echter Mercedes."

Hier hat man die „teuer"-Aussage entfernt und arbeitet mit dem reinen Produktnamen weiter. Hat der Verkäufer diesen Bumerang hergestellt, kann er weiter über die speziellen Vorzüge des Mercedes sprechen – die natürlich auch seinen Preis rechtfertigen. Auf jeden Fall hat er vorübergehend erreicht, dass das Killerwort „teuer" aus der Verkaufsschleife verschwindet.

Der Kunde aber hat nicht das Gefühl, dass sein Gesprächsbeitrag unterbrochen wird, da der Verkäufer mit den von ihm eingebrachten Worten weiterarbeitet. Allein der Umstand des reinen „Wort-Recyclings", der wörtlichen Weiterbenutzung der Begriffe, die aus dem Mund des Kunden kamen, bringt ihn dazu, Ihrer Gesprächsschleife zu folgen. Es entsteht in ihm das subjektive Erleben eines logischen Zusammenhangs zwischen seiner Phrase und Ihrer Antwort.

Bumerang-Technik mit Satzteil B

„Haben Sie schon einmal darüber nachgedacht, dass es für einen Autobesitzer recht teuer werden kann, so zu denken?"

Nach dieser Einleitung rechnet der Verkäufer dem Kunden vor, wie er mit diesem Auto Geld sparen kann. Er kann über die gute Qualität reden, über eine verminderte Reparaturanfälligkeit, über ein flächendeckendes Serviceangebot, er kann auf den hohen Sicherheitsstandard hinweisen, der so teure Güter wie Leben und Gesundheit schützt. Wiederum dreht sich die Verkaufsspirale Richtung Abschluss durch die Kraft der Wörter, die der Kunde eingebracht hat.

Obwohl das Vorgehen der Bumerang-Technik leicht nachvollziehbar ist, möchte ich Ihnen noch einige weitere Beispiele für diesen Kick nennen:

Kundin: „Und sind Sie sicher, dass diese Bluse nicht abfärbt?"

Hier könnte man natürlich wahrheitsgemäß mit der Kraft der ganzen Verkäuferehre antworten: „Ja, die färbt ganz bestimmt nicht ab." Doch das Mangel-Wort „abfärben" schwebt weiter in der Verkaufsatmosphäre herum. Mithilfe des Bumerang-Kicks können Sie sogar positiv mit dem Wort spielen: „Sie könnte mit ihrem tollen Muster durchaus Ihr Leben bunt färben – aber sicher nicht Ihr Waschwasser. Die Farbqualität ist wirklich sehr gut."

Das sind kreative Sätze, an die Ihre Kunden gern zurückdenken. Als positive Musterunterbrechung bringen Sie einerseits Humor in das Verkaufserlebnis und werden andererseits von der Kundin sehr gut behalten. Und wann immer besagte Kundin den Pullover trägt, wird sie an die Metapher des „bunten Lebens" denken.

Die Bumerang-Technik bietet Ihnen auch die Möglichkeit, Killerwörter von Ihren Produkten und Ihrem Unternehmen ab- oder umzulenken.

Kunde: „Die letzte Lieferung war wieder unpünktlich. Habt ihr eigentlich nur Idioten da sitzen?"

Verkäufer: „Also, wirklich idiotisch scheint dieser Monat zu sein. Ich weiß auch nicht, warum der Dezember immer so aufregend werden muss. Ist das bei Ihnen auch jedes Jahr so?"

Auf diese Weise hat der Verkäufer das Wort „idiotisch" von seinen Innendienst-Kollegen semantisch „entkoppelt" und in ein anderes Themenfeld eingeschleust. Das ist wesentlich eleganter, als die Kollegen jetzt direkt zu verteidigen. So würde man nur einen unerwünschten Walfisch aufrufen. Und der Kunde fühlt sich angemessen geführt, weil seine eigenen Worte zur Einleitung des neuen oder erweiterten Themas benutzt wurden. Nach dieser Bumerangschleife kann sich der Verkäufer durchaus noch für die verspätete Lieferung entschuldigen – falls der Vorwurf berechtigt war. Doch die Killerphrase ist jetzt entschärft, die Mitarbeiter sind „ent-idiotisiert", und der weitere Gesprächsverlauf kann in einer konstruktiven Atmosphäre stattfinden.

Kick 4: Alle Bälle dieser Welt

Stellen Sie sich vor, Sie nehmen an einem Mannschaftsspiel teil, bei dem sich alles um einen Ball dreht. Was würde passieren, wenn plötzlich zwei, drei oder vier weitere Bälle ins Spiel eingeschleust würden? Zunächst würden alle Mitspieler etwas verwirrt ihre bisherigen Spielstrategien stoppen. Das Spiel würde kurz ruhen. Dann würde man gemeinsam beraten, mit welchem der Bälle weitergespielt werden soll. Wenn Sie diese Kick-Technik im Verkaufsgespräch nutzen, können Sie die Dynamik einer Killerphrase wirkungsvoll entschärfen. Der Gesprächspartner ist vorübergehend gehemmt, seinen Ball zu spielen, weil er nun erst einmal mit den neuen Bällen konfrontiert ist, die Sie eingegeben haben.

6

Modell der Welt

Wenn ein Kunde eine Killerphrase „abschießt", tut er im übertragenen Sinne so, als sei dies der einzige Ball, den es auf dieser Welt gibt. Er macht eine allgemeine Aussage und erweckt so den Eindruck, als hätte diese Aussage auch eine allgemeine Gültigkeit: für ihn selbst, für Sie als Verkäufer, für die gesamte Fach- und Laienwelt, für die Welt überhaupt. Dabei ist die semantische Technik immer die gleiche: A gleich/verursacht B.

Kunde: „Das ist zu teuer."

Ihre Aufgabe besteht nun darin, im Gespräch zu verdeutlichen, dass diese Aussage nur die Meinung Ihres Gesprächspartners ist und daher kein „Modell der Welt". Sie grenzen dadurch die Gültigkeit seiner Aussage auf seinen persönlichen Gedankenraum ein.

Verkäufer: „Finden Sie tatsächlich? Gerade eben sprach ich mit einem Kunden, der dieses Angebot sogar sehr preiswert fand."

Hier wird deutlich, dass es mehrere Meinungen zu dem Thema gibt, das der Kunde in seiner Aussage aufgegriffen hat. Sie geben die Aussagen und Meinungen weiterer Menschen nun als zusätzliche Bälle in das Spielfeld ein. Mit dieser Kick-Technik können Sie eine Reihe von Effekten erzielen. Zunächst nehmen Sie dem Gespräch die Hektik und gewinnen Zeit zum Nachdenken. Bei den einzelnen Kunden kann dieser Kick unterschiedlich Positives bewirken.

Der symmetrische Typ, der immer so gern seine Erlebnisse mit anderen Menschen teilt, interessiert sich beispielsweise sehr für die Meinung der anderen. Hier könnte der Verkäufer sagen: „Gestern war eine Kundin da, die fand die Blusen so preiswert, dass sie gleich zwei davon gekauft hat." Für die symmetrisch orientierte Kundin ist die Mitteilung der Produktbewertung durch andere Menschen in der Tat eine wertvolle Information, die ihr die Kaufentscheidung erleichtert.

Der hierarchisch denkende Kunde bewegt sich in Richtung Kaufentscheidung, wenn Sie klar herausstellen, dass wichtige oder berühmte Personen und Autoritäten eine andere Meinung vertreten als er.

Lesen Sie hierzu ein Dialog-Beispiel aus dem Buch „Durch Kundeneinwände mehr verkaufen" von Edmund-Udo Franke.

Beispiel:

„*Kunde:* ‚Ihr Produkt läuft wirklich nicht; die Regalfläche ist zu teuer, um solche Produkte durchzuschleppen.'

Verkäufer: ‚Danke, dass Sie diesen Punkt anschneiden. Schätzen Sie bitte einmal, wie hoch der Platzanteil dieses Produktes – an der Produktgruppe – ist.'

Kunde: ‚Na, so rund 10 Prozent.'

Verkäufer: ‚Schätzen Sie bitte einmal, wie viel Prozent macht dieses Produkt – vom Umsatz?'

Kunde: ‚Ja, darum fliegen sie ja raus – nur 6 Prozent!'

Verkäufer: ‚Es wird Sie interessieren, dass namhafte Marktforschungsinstitute (Hofmann-Studie, Colonial-Study) übereinstimmend ermittelt haben: Normal sind bei 10 Prozent Platzanteil nur 2 Prozent Umsatzanteil. Sie wissen ja, viele kleine Anteile können nicht denselben Umsatz bringen, wie ein/zwei große Platzanteile.

Sie machen also schon jetzt – 300 Prozent (!) mehr! Ein Test für 6 Wochen mit einem größeren Platzanteil, das würde bedeuten –'"

Der neue Spielball wird im obigen Beispiel in Form von Veröffentlichungen namhafter Marktforschungsinstitute eingebracht. Man lässt eine wichtige Institution die eigene Aussage mitvertreten. Ungünstig wäre es zu sagen: „Ich habe da neulich gelesen –" Denn dann wären ja „nur" Sie es, der etwas Bestimmtes tut oder sagt. Da muss schon etwas „Höheres" her. Ebenso wie eine Institution könnten berühmte Persönlichkeiten wie Angela Merkel, der Papst oder die Queen helfen, Ihre Meinung mit zu vertreten. Sogar historische Persönlichkeiten wie Cäsar oder Konrad Adenauer können – sofern thematisch passend – helfen. Es wäre folglich wirklich nützlich, sich hier einige Informationen zurechtzulegen. Welcher Prominente fährt beispielsweise auch das Auto, das Sie vertreten? Welche bekannte Schauspielerin benutzt Ihre Pflegeprodukte und ist davon begeistert? Welche historische Persönlichkeit brachte ein Zitat, das haargenau Ihre Argumente untermauert?

6

An das eigene Produkt glauben

Das Elegante an dieser Kick-Technik ist wiederum, dass Sie die Aussage Ihres Kunden bestehen lassen, ohne sie zu verneinen oder zu kritisieren. Er fühlt sich nach wie vor akzeptiert, erfährt jedoch auch von Ihnen ganz deutlich, dass Sie bei Ihrer Meinung bleiben. Es erhöht Ihre Überzeugungskraft und Ihre Kongruenz, wenn Sie es als selbstverständlich darstellen, dass viele Menschen eine positive Meinung von Ihrem Produkt und Ihrem Angebot haben. Das zeigt, wie sehr Sie an das eigene Produkt glauben. Und die Kongruenz des Verkäufers wirkt immer positiv auf den Entscheidungsprozess des Käufers.

Oft kann man diese Technik auch einsetzen, um im Verkaufsvorfeld das Ansehen des eigenen Produkts oder der vertretenen Dienstleistung zu heben. Versicherungsvertreter erleben häufig so killende Kundenaussagen wie: „Ein Vertreter kommt mir sowieso nicht ins Haus." Dahinter verbirgt sich natürlich die Bewertung: Vertreter sind (aus irgendeinem Grund) minderwertig.

Eine sehr erfolgreiche Versicherungsfrau sagt dann immer: „Wussten Sie eigentlich, dass in den USA der Versicherungsagent in der Bewertung der anerkanntesten Berufe gleich an zweiter Stelle hinter dem Arzt rangiert? So wichtig schätzen die Menschen dort den Wert seiner Tätigkeit ein." „Bisher habe ich die ablehnenden Menschen immer mit dieser Information beeindruckt", erzählte die Versicherungsvertreterin. „Sie sind dann wirklich verblüfft und interessiert. Daraus entwickeln sich oft sehr interessante Gespräche über die amerikanischen Lebensverhältnisse, die dann auf Umwegen wieder zum Abschluss führen."

Kick 5: Oben abfangen

Oft genug kann es bei verschiedensten Spielen geschehen, dass ein Ball überraschend hoch auf Sie zufliegt. Hier hilft dann nur ein beherztes Hochspringen, um den Ball noch zu erreichen. Sie packen oder erwischen ihn in seiner hohen Flugbahn und bringen oder reißen ihn dadurch nach unten. Ihr Spielpartner hingegen dachte oder hoffte, der Ball könne über Ihren Kopf hinwegschießen.

In der Satzbedeutung setzen wir die „hohe Flugbahn" mit einer sehr allgemeinen Aussage gleich. „Teuer" ist beispielsweise ein äußerst unspezifischer Begriff. Wann immer Sie mit derart globalen Satzphänomenen zu tun haben, können Sie das Gespräch ins Detail vertiefen. Allein die Frage: „Wie meinen Sie das genau?", nimmt der Killerphrase „Das ist zu teuer" einen großen Teil der Dynamik. Sagen Sie hingegen: „Nein, das ist es nicht", kann der Kunde spielend dagegenhalten. Der Ball behält seine hohe Flugbahn. Soll der Kunde hingegen seine Aussage begründen, wird der Ball in die Hand genommen und genau geprüft und begutachtet. Er wird einfach handhabbar. Genauigkeit vertieft somit die Flugbahn.

Erinnern Sie sich noch einmal an die Wahrnehmungsfilter Tilgung, Verzerrung und Generalisierung (s. Kapitel 3). Diese Filter sorgen für hohe Flugbahnen. Tauschen Sie diese durch genauere Filter aus, verschwindet der semantische Zauber.

Bei der „Zu teuer"-Aussage haben Sie es schon einmal mit einer Tilgung zu tun. Der Kunde sagt nicht, wie er zu seiner Rechnung kommt. Womit vergleicht er eigentlich Ihr Angebot? In Bezug worauf ist es angeblich zu teuer? Ist es ihm zu teuer, da er nicht genug Geld hat? Oder hat er genug Geld, jedoch wurde ihm ein identisches Produkt schon kostengünstiger angeboten? Oder vergleicht er am Ende Ihr Produkt gar nicht mit identischen Produkten, sondern mit ganz anderen Produkten?

Killerphrase Nr. 1

6

Letzteres erlebte ich im Zusammenhang mit einem psychologisch fundierten Kursangebot für Übergewichtige und Essgestörte: „Easy Weight – der mentale Weg zum natürlichen Schlank-Sein." Um dieses Training anbieten zu können, müssen die entsprechenden Leiter eine spezielle Ausbildung absolviert haben. Im Rahmen eines Treffens, auf dem die Kursleiter dieses Trainings ihre Erfahrungen mit der Zielgruppe – sprich den Kunden – austauschten, wurde von allen die „Zu teuer"-Phrase als Killerphrase Nr. 1 genannt.

„Meistens sind die Interessenten Frauen – die haben weniger Geld, und insofern ist ihnen 250 Euro natürlich zu viel", berichtete eine recht demotivierte Kursleiterin. Daraufhin erzählte eine andere Kursleiterin, sie habe mit diesem Einwand überhaupt keine Probleme und erziele aufgrund ihrer Argumentation stets sehr viele Anmeldungen für ihre Kurse. „Ich frage immer: ‚Womit vergleichen Sie denn den Kurs, wenn Sie ihn zu teuer finden'?"

Dabei fand ich heraus, dass die meisten unser Angebot preislich mit Schlankheitsmitteln aus der Apotheke vergleichen. Tut man das, wirkt der Kurs natürlich teuer. Ich jedoch vergleiche den Kurs gegenüber den Interessenten immer mit einer Reise. Schließlich eröffnen wir dem Bewusstsein aufgrund unserer fundierten Ausbildung eine neue Welt. Man erlebt Dinge, die man zuvor noch nicht gesehen, gehört und gefühlt hat, und hat dadurch Erfolg. Das ist wesentlich mehr als das Verkaufen von Futterrationen oder Pillen. Und im Vergleich mit einer Reise, die unvergessliche positive Erinnerungen bringt, sind 250 Euro sogar billig. Egal ob Frauen oder Männer – jeder meiner Kursteilnehmer konnte dieser Betrachtung bisher folgen."

„Runterchunken"

Im NLP würde man die Informationseinheit „teuer" einen „großen Chunk" nennen. Ursprünglich heißt dieses Wort im Englischen so viel wie „Klotz". Heute wird der Begriff „Chunk" im Wesentlichen in der Computersprache benutzt und meint so etwas wie eine Informationseinheit. Man kann nun einen großen „Chunk" in kleine Teilinformationen zerlegen, die allesamt eine Art Unter- oder Teilmenge des großen „Informations-Chunks" bilden. Man zerlegt somit den großen Klotz in kleinere Stücke, mit denen man dann leicht hantieren kann. Dabei bleibt unbedingt erkennbar, dass die kleinen Stücke ursprünglich dem großen „Klotz" angehören. Für „teuer" könnten drei Unter-Möglichkeiten der Bedeutung so aussehen:

	Teuer	
„Für mich"	„Im Vergleich mit identischen Produkten"	„Im Vergleich mit anderen Produkten"

Nun kann man diese einzelnen „Unter-Chunks" wiederum in kleinere Teilinformationen aufsplitten, die jeweils darin enthalten sein können. Wieder steht hier die Frage: „Was heißt das genau?"

Nehmen wir hier das Beispiel:

„Für mich"

| „Genauer gesagt, mein Mann hat, glaube ich, etwas dagegen, wenn ich das ausgebe." | „Ich habe heute kein Geld" (morgen oder nächste Woche aber doch). | „Ich habe grundsätzlich kein Geld." |

Je nachdem, bei welcher kleineren Chunk-Möglichkeit Sie landen – durch die so erzielte Informationsgenauigkeit erreichen Sie Themen, die für Sie wieder handhabbar werden. Sie können gezielt reagieren, da die Allmacht der Killerphrase einen verständlichen Hintergrund bekommen hat. Darüber hinaus können Sie auch einen „Unter-Chunk" auswählen, der Sie wieder in Ihre Argumentationsrichtung führt. Ihr Gesprächspartner muss Ihnen folgen, da er Ihnen selbst mithilfe seines „großen Chunks" Tür und Tor zu den inhaltlichen „Untermengen" der großen Informationseinheit geöffnet hat.

Beispiel:

Für die zuletzt genannte Möglichkeit habe ich in einem Krimi ein schönes Dialogbeispiel gehört. Hier sprach ein Detektiv mit einem Firmenbesitzer über seinen Verdacht, dass einer der Firmenmitarbeiter ein Straftäter sein könnte. Daraufhin sagte der Besitzer: „Wie können Sie es wagen, so über meine Mitarbeiter zu sprechen? Wir sind hier eine einzige große Familie!" – „Das ist es ja eben! Denn in jeder großen Familie gibt es ein schwarzes Schaf!", hielt der redegewandte Detektiv sofort dagegen. Da das Phänomen „schwarzes Schaf" ein allgemein bekannter Unter-Chunk von Großfamilien ist, konnte der angesprochene Chef natürlich zunächst nichts mehr erwidern. Er selbst hatte ja die Argumentationsrichtung gebahnt.

6

Dieses „Herunterchunken" ist bei jeder Killerphrase erfolgversprechend. Je weiter Sie Ihren Kunden ins Detail führen, desto schwieriger findet er den Weg zurück zum „großen Chunk". Wiederum müssen Sie ihm nicht widersprechen, ihn nicht kritisieren oder mit ihm diskutieren. Sie gehen einfach nur darauf ein, wie man seine Aussage nun ganz genau verstehen könnte. Zum einen können Sie diesen Kick durch genaues Nachfragen spielen, z. B.:

- „Wie meinen Sie das genau?"

- „Was verstehen Sie unter –"

- „Können Sie mir ein Beispiel (z. B. genaue Zahlen) nennen?"

- „Womit vergleichen Sie?"

- „Wer hat das gesagt?"

Ein erfahrener Trainer einer Versicherungsgesellschaft sagte: „Das Herunterchunken ist eine der erfolgreichsten Strategien für unseren Außendienst. Viele lassen sich nämlich durch folgenden Kundensatz abblocken: ‚Ich bin schon versichert.' Wenn man dann sofort weiterfragt: ‚Welche Versicherungen haben Sie denn genau?', ergibt sich meist schon eine Weiterentwicklung der Verkaufsspirale."

Zusätzlich zum genauen Nachfragen können Sie auch herunterchunken, indem Sie auf die Killerphrase eingehen, jedoch den kleineren Chunk herausarbeiten:

6

Beispiel:

Kunde: „Die letzte Lieferung war wieder unpünktlich. Habt ihr eigentlich nur Idioten da sitzen?"

Verkäufer: „Leider hat man ab und zu wirklich einen Idioten dabei. Da ärgert sich dann auch die ganze Crew, denn so etwas fällt ja auf alle zurück. Was ist denn genau passiert?"

Hier wurde aus „nur Idioten" schon mal ein einzelner „Idiot" gemacht, was die Aussage des Kunden schon ein ganzes Stück relativiert. Auf diese Weise hat der Kunde die Gelegenheit, seinen Ärger loszuwerden, und Sie können gleichzeitig Solidarität mit Ihren Kollegen zeigen. Sogar den „Idioten" kann man dann noch „herunterchunken":

Beispiel:

Kunde: „Also, Ihr Herr Müller hat mir Anfang März hoch und heilig versprochen, dass die Lieferung pünktlich kommt. Das scheint der Idiot völlig vergessen zu haben."

Verkäufer: „Es gibt immer zwei Möglichkeiten, die zu idiotischen Ergebnissen führen: Entweder verschläft man alles, oder man hat so viel zu tun, dass man nicht mehr weiß, wo einem der Kopf steht. Letzteres trifft zurzeit auf Herrn Müller zu. Er muss wegen Krankheit und Urlaub gleich zwei Mitarbeiter vertreten. Da kann so etwas passieren. Ich entschuldige mich bei Ihnen in seinem Namen und im Namen unserer Firma. Können wir diesen Vorfall irgendwie wiedergutmachen?"

Die zwei Erklärungsmöglichkeiten für den „Idiotismus" eines Mitarbeiters bilden wieder zwei „Unterchunks", mit denen man sinnvoll weiterarbeiten kann. Der Verkäufer entscheidet sich natürlich in seiner Aussage für den sympathischeren Chunk. Es ist übrigens oft eine große Hilfe, Menschen im Unternehmen gegenüber den Kunden in genauen Bildern zu malen – so weit diese Bilder zum positiven Verständnis ärgerlicher Situationen beitragen. Erklären Sie ruhig spezifisch, sprich in ganz kleinen Chunks, wie es in diesem (Ausnahme-)Fall zu der beanstandeten Situation kommen konnte. Krankheits- und Urlaubszeiten, Mitarbeiter in Ausbildung oder hektische Zeiten kommen in jedem lebendigen Unternehmen vor. Das kann Ihr Kunde sofort nachvollziehen. Es ist ein zu hohes Risiko, den Eindruck einer riesigen „Idiotenansammlung" im eigenen Unternehmen stehen zu lassen. Machen Sie nicht den Fehler, sich mit Ihrem Kunden gegenüber dem Innendienst zu verbünden nach dem Motto: „Also, ich kann Ihnen nur eins sagen – unser Innendienst ist wirklich völlig chaotisch." Mit dieser Aussage fällen Sie ein Urteil über das gesamte Unternehmen und somit auch über das Produkt, das Sie verkaufen wollen.

Es gibt eine Reihe von Wörtern, die Ihnen ganz offen Hinweise auf die „zu hohe Flugbahn" des Informationsballs Ihres Kunden geben. Werden Sie auf jeden Fall aktiv, wenn Sie diese und ähnlich typische Wörter hören: „alles", „nur", „das ist zu –" (getilgter Vergleich), „nie", „ständig" usw. Wenn Sie sich in diese Kick-Technik etwas eingearbeitet haben, können Sie jede Satzaussage in kleinere Einheiten zerlegen, die Sie dann nach Belieben einzeln wieder aufgreifen können.

„Ein Vorteil des „Runterchunkens" ist, dass ich jetzt viel detaillierter und schneller die Wünsche meiner Kunden kennenlerne", erzählte uns neulich ein Verkäufer. „Ich benutze diese Kick-Technik vor allem als Fragetechnik, um meine Kunden zu ganz gezielten Aussagen zu bringen. Dabei stellte ich sogar fest, dass meine Kunden selbst überrascht waren, welche Detailinformationen hinter ihren Aussagen steckten. Das spielt sich oft auf einer ganz unbewussten Ebene ab, die es herauszuarbeiten gilt."

Natürlich kann das „Herunterchunken" auch dazu benutzt werden, die unangenehme Wirkung einer Killerphrase mit Humor zu entkrampfen. Man legt die Phrase völlig wortwörtlich aus. Dabei spielt man derartig kleine Details, dass die Killerphrase schon wieder witzig wirkt.

6 Eine Buchvertreterin schilderte mir einen Dialog, der diese Kick-Möglichkeit besonders gut demonstriert:

Kunde: „– und wo soll ich das noch unterbringen? Mein Lager platzt so schon aus allen Nähten."

Verkäuferin: „Ich kann ja auf meinem Stuhl noch etwas zur Seite rücken, dann haben Sie wieder etwas Platz."

Natürlich muss man seine Kunden gut kennen, um mit solchen Sätzen das Eis zu brechen. Aber wenn sie beim richtigen Kunden-Typ in gutem Rapport mit einem Augenzwinkern vorgetragen werden, können Sie dadurch mehr Erfolg erzielen als mit einem noch so perfekten (aber leider langweiligen) Sachargument.

Der so erreichte Kommunikations-Kick liefert in erster Linie neue Gefühle im Gespräch: Man frotzelt, ist albern, lässt fünf gerade sein. Sie ahnen gar nicht, wie viele arbeitende Menschen eine solche Gefühlsdusche als angenehm kribbelnde Erfrischung im Alltag genießen. So wird Verkauf zum „social event", zu einem lebendigen Austausch zwischen Menschen.

Die gleiche Vertreterin erzählte mir aus ihrem Erfahrungsschatz ein weiteres Beispiel für diesen Kick:

Buchhändler: „Ich kaufe nichts – es wird ja doch alles geklaut."

Buchvertreterin: „Aber es werden nur die besten Bücher geklaut."

Kick 6: Unten abfangen

„Hochchunken"

Wie Sie sich leicht denken können, ist „Hochchunken" das Gegenteil von „Herunterchunken". Im Ballspiel-Vergleich würde das bedeuten, dass ein Ball sehr niedrig angeflogen käme. Das ist besonders gefährlich, wenn der Ball den Boden nicht berühren darf, wie etwa beim Volleyball. Da hilft nur eins: Der Ball wird abgefangen, bevor er aufprallt, und wieder nach oben gebracht. Diese Bewegung nach oben nennt man im Jargon „Hochchunken".

Es gibt nun eine Reihe von Killerphrasen, die man sowohl herunter- als auch hochchunken kann. In diesem Fall ist der Übergang zum nächstkleineren oder nächstgrößeren Chunk als generelles Gesprächsführungsmittel zu betrachten, das Ihnen wieder die Fäden in die Hand gibt. Hat also eine Kundenaussage eine „mittlere Flugbahn", können Sie in beide Richtungen reagieren. Nehmen wir hier noch einmal folgenden Satz als Beispiel:

Kunde: „Habt ihr denn nur Idioten da sitzen?"

Beim Hochchunken geht es darum, die „Idioten" folgerichtig der nächstgrößeren Bedeutungsmenge zuzuordnen. In diesem Fall könnte man einen sehr viel größeren Chunk wählen und die betroffenen Kollegen der Bedeutungsmenge „Mensch" zuordnen.

Verkäufer: „Nun, wer oder was tatsächlich in unserer Firma sitzt – es sind Menschen, mit all den unerfreulichen, aber auch erfreulichen Eigenschaften, die Menschen nun einmal haben."

Wiederum wird der Kunde geführt statt abgewehrt, indem man die nächsthöhere Bedeutung des von ihm selbst eingespielten Begriffs ansteuert. Von dieser höheren Ebene aus chunkt der Verkäufer dann wieder nach unten: Eine Untermenge des Phänomens Mensch sind die verschiedenen Eigenschaften, die Menschen haben können. Dabei unterteilt er zunächst in „erfreuliche" und

„unerfreuliche". Auf elegante Art hat er so den negativ besetzten Begriff „Idiot" gegen etwas im wahrsten Sinne des Wortes „Erfreuliches" ausgewechselt. Sogar der Begriff „unerfreulich" ist erfreulich, da er im Sinne der „Walfisch-Technik" ja nur eine Negation dieses positiven Wortes darstellt.

Ebenso kann man mit dem Begriff „teuer" verfahren. Sehen Sie hier Möglichkeiten, den Begriff auf höhere Bedeutungsebenen hin auszudehnen.

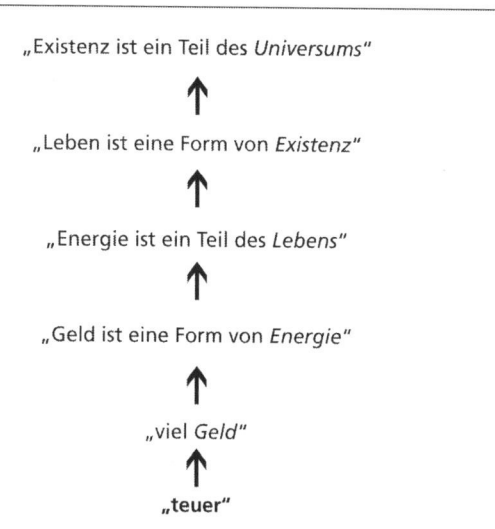

Auf diese Weise eröffnet sich die Möglichkeit, sich vom Begriff „teuer" bis hin zum „Universum" vorzuarbeiten. Jede Station bis dorthin kann wiederum zur Gesprächsführung in Richtung auf den Abschluss hin genutzt werden. Beispielsweise könnte ein Dialog zwischen einem Kunden und einem Immobilienmakler so verlaufen:

Kunde: „Das ist aber viel zu teuer."

Makler: „Sie haben recht, es ist eine Menge Geld (nächsthöherer Chunk). Und wenn Sie für Ihr Geld hart gearbeitet haben, kann man durchaus sagen, dass so viel Geld einen großen Teil Ihrer

Energie repräsentiert (nächsthöherer Chunk). Da ist natürlich die Frage, für welche Ziele im Leben (nächsthöherer Chunk) man seine Energie einsetzen möchte. Ein Haus kann auch ein wichtiger Teil des Lebens (jetzt wird wieder heruntergechunkt) sein –" usw.

Nun kann der Makler sämtliche Vorzüge des Hauses für den potenziellen Käufer und seine Familie beschreiben. Die größeren Bedeutungsdimensionen, durch die er seinen Kunden führte, haben dessen Gedanken nun vom „Teuer"-Begriff entkoppelt, ohne dass dieser das Gefühl hat, abgewehrt worden zu sein. Der Makler sorgt dafür, dass sein Gesprächspartner das Haus jetzt dem allumfassenden Thema „Lebensinhalt" zuordnet. Auf diese Weise kann der Kunde seinen Gedankenrahmen für eine größere Anzahl von Werten öffnen, die durch den Besitz eines eigenen Hauses repräsentiert werden können.

Diese Vorgehensweise ist deswegen so konstruktiv, weil Sie nicht direkt gegen das „Teuer"-Argument anpowern müssen. Der Makler könnte ja durchaus auf die gute Innenausstattung verweisen, in der Hoffnung, dass der Kunde dann alles „nicht so teuer" findet. Der Kunde wird jedoch all seine Ausführungen über das Haus weiter durch die „Teuer"-Brille betrachten. Beim Hochchunken kann man jedoch erreichen, dass der Gesprächspartner das Wort „teuer" regelrecht vergisst – und sei es nur für einen wertvollen Augenblick.

6

Hoch- oder Herunterchunken

Nicht immer haben Killer-Phrasen eine mittlere Flugbahn, sodass Sie sich zwischen Hoch- und Herunterchunken entscheiden können. Manchmal drücken die Kunden sich so detailliert aus, dass man sich wegen der Genauigkeit der Aussage wie festgenagelt fühlt. Hat beispielsweise einer Ihrer Kunden schon einmal schlechte Erfahrungen mit Vertretern Ihrer Branche gemacht, ist ihm auch der Blick für die Relativität seines Erlebnisses verloren gegangen. Er nimmt eine real erlebte Situation und tut so, als sei sie der ganz große Bedeutungsrahmen für Ihre Branche. Eine Kick-Möglichkeit wäre hier natürlich das Einspielen mehrerer Bälle, indem man ihm verdeutlicht, dass andere Kunden hingegen zufrieden mit den Dienstleistungen oder Produkten Ihrer Branche sind. Dies wäre jedoch eher angebracht, wenn der Kunde eine Meinung oder ein Urteil vorträgt. Bei einer ganz konkreten schlechten Erfahrung ist der Kick „Hochchunken" die mehr Erfolg versprechende Strategie.

Beispiel:

Kunde: „Eigentlich wollte ich gar nichts mehr mit Versicherungsvertretern zu tun haben. Die wollen einen doch nur über den Tisch ziehen. Vor drei Jahren schloss ich bei so einem eine Hausratversicherung ab, und ohne mich zu fragen, kreuzte er zehn Jahre Laufzeit für den Vertrag an. Nun kann ich sieben Jahre lang aus dem Scheiß-Vertrag nicht mehr aussteigen!"

Der Kunde äußert eine Killerphrase („Versicherungsvertreter ziehen ihre Kunden über den Tisch"), die er sehr genau und detailliert mit einem konkreten Beispiel untermauert. Selbstverständlich ist es zunächst angebracht, für seine schlechte Erfahrung Verständnis aufzubringen („Das darf doch nicht wahr sein – tatsächlich, ohne Sie zu informieren?!"). Diese Empathie lenkt die ungute Dynamik schon einmal vom Versicherungsvertreter ab. Doch nach wie vor ist er ja ebenso Versicherungsvertreter wie der unangenehme Kollege, der ihm die „verbrannte Erde" hinterlassen hat. Er muss also etwas unternehmen, um den Kunden gefühlsmäßig positiv auf sich einzustellen. Sagt man nun: „Wissen Sie, so etwas kommt bei mir nicht vor", ist er mit dem Vergleich immer noch in der gefährlichen emotionalen Nähe zum Objekt der Kundenkritik. Auch hier ist es wieder angebracht, das konkrete Beispiel durch Hochchunken zu verwässern und vorübergehend „vergessbar" zu machen.

Versicherungsvertreter: „Wissen Sie, ich kann diesen Vorfall weder entschuldigen noch für Sie rückgängig machen. Ich kann nur zugeben, dass es sich bei unserem Beruf so wie bei allen Berufen verhält: Immer wieder gibt es schwarze Schafe, die dem Ansehen der Branche schaden."

Hier wurden gleich mehrere nächsthöhere Chunks ins Gespräch gebracht: Versicherungsvertreter – Berufe/Versicherungsgeschäft – Branchen/der konkrete kritisierte Vertreter – schwarze Schafe.

Versicherungsvertreter weiter: „Ist das nicht in Ihrem Beruf ähnlich? Sie sind doch Lehrer. Da haben Sie sich doch sicher auch schon einmal über Kollegen geärgert, die Ihrer Meinung nach völlig falsch vorgehen."

Nun hat der Versicherungsmann vom großen, allgemeinen Chunk wieder einen Unterchunk aufgegriffen (Beruf Lehrer), der einerseits Nähe zu Kunden herstellt, andererseits jedoch genügend thematischen Abstand zum ursprünglichen Inhalt hat. So sorgt er dafür, dass sein Kunde ihn auch gefühlsmäßig neu belegt, was nun als sinnvolle Basis für ein erfolgreiches Verkaufsgespräch genutzt werden kann.

Den Kick „Hochchunken" möchte ich Ihnen abschließend noch mit einem Bild verdeutlichen: Wirft man einen Stein in eine Tasse (kleiner Bedeutungsrahmen/Chunk), ist er dort unübersehbar. Nimmt man nun den Stein auf und wirft ihn in einen See (großer Bedeutungsrahmen/Chunk), findet man ihn kaum wieder. Der Blick der Gesprächspartner ist aber nun auf den See gerichtet. Sie müssen jetzt nur noch in den See greifen, in dem der Stein verschwand, und dann für den Gesprächspartner eine schöne goldene Münze (bzw. einen goldenen Spielball) herausfischen.

6

Kick 7: Gespenster-Bälle spielen

Die Gespenster-Bälle haben Sie in der Einführung bereits kennengelernt. Es handelt sich hier um nicht gemachte Aussagen, die dennoch im Satz Ihres Gegenübers umherspuken. Da wird mit etwas geworfen, das man nicht sehen kann, das aber dennoch hart trifft. So einen Ball kann man einfach nicht anpacken. Hier hilft nur eines: Wie ein guter Pantomime tun Sie so, als könnten Sie den Ball packen und werfen ihn anschließend zurück.

Sehen Sie hier noch einmal das bereits genannte Beispiel zum Thema Versicherungsverkauf:

> **Beispiel:**
>
> *Versicherungsvertreter* (am Telefon): „Ich möchte Sie gern wegen Ihrer Krankenversicherung ansprechen."
>
> *Kundin* (man hört im Hintergrund spielende Kinder): „Tut mir leid, mein Mann ist nicht da."

Eine vorstellbare Satztilgung wäre hier: „Ich kümmere mich nie um diese Dinge, das macht immer mein Mann." Diese Erklärung hängt jedoch ungreifbar in der Luft.

Kennen Sie folgenden Dialog: „Können Sie mir sagen, wie spät es ist?" Antwort: „Ja".

Man steht plötzlich ohne ein Programm zum Weiterreden da, weil die Antwort ganz anders als erwartet ausfällt, weil sie einen Bruch in der Gedankenfolge bewirkt. Auch hier fühlt sich der Fragende blockiert und kann nicht weitersprechen. Er könnte aber den Gespenster-Ball sofort zurückspielen und sagen: „Das können Sie tatsächlich? Das hätte ich nicht gedacht." Nun entsteht bei dem Ja-Sager eine Kommunikationsleere, weil in diesem Fall er nicht mit einer Antwort gerechnet hat.

Es geht hier gar nicht um die „Machart" der Sätze, wie beispielsweise das vorgetäuschte Missverständnis bei der Uhrzeit-Frage, sondern um die erzielte Gedankenleere, die die Sätze durch das Prinzip der Musterunterbrechung hervorrufen.

Sagt die Kundin: „Mein Mann ist nicht da", muss sie dies nicht zwangsläufig als Killerphrase zum Blockieren gemeint haben. Aber die Antwort kann so wirken. Das muss aber nicht so sein. Denn Gespenster-Bälle bieten Ihnen die kreative Möglichkeit, ebenfalls zu „spuken".

Beispiel:

Kundin: „Mein Mann ist nicht da."

Vertreter: „Ach, der Kinderlärm macht mir überhaupt nichts aus, ich habe auch zwei kleine Kinder."

Der Verkäufer hat sinngemäß folgendes Satzgespenst in den gedanklichen Umlauf gebracht: „– die Kinder sind so laut, und mein Mann kann mir nicht helfen, sie zu beruhigen/beaufsichtigen." Zwar hat die Frau das so nicht gesagt, aber er nimmt sich die Freiheit, seine eigene Version des nicht gesagten Satzes zu verstehen. Dabei hat er den Satz der Kundin noch nicht einmal verdreht. Er hat nur auf das Unausgesprochene entsprechend reagiert. Die entstehende Musterunterbrechung öffnet das Gespräch wieder nach allen Seiten.

Natürlich gibt es verschiedene Möglichkeiten, wie die Kundin mit den lärmenden Kindern reagieren wird. Tatsächlich sagen die meisten: „Wie meinen Sie das?" Schon ergeben sich verschiedene Möglichkeiten, über Kinder, Kindererziehung, Ehe und Partnerschaft (und über Versicherungen) zu sprechen. Und selbst wenn die Kundin und deren Mann tatsächlich die besagte Arbeitsteilung haben (dass nämlich nur er sich um „so etwas" kümmert), kann der Versicherungsvertreter viel erreichen. Wenn die Frau später zum heimkehrenden Mann sagt: „Du, da hat einer von der Versicherung angerufen – der war wirklich sehr nett", ist auch er viel motivierter, weiter mit diesem Vertreter zu kommunizieren.

Implikate

Die Phrase „Mein Mann ist nicht da" entspricht dem ebenfalls gefürchteten Satz: „Tut mir leid, Herr X ist nicht da", wenn man mit einem Entscheider in einem Unternehmen sprechen möchte. Wenn man nun fragt: „Gibt es jemanden, der ihn vertritt?", kann man sich ganz schnell die schlichte Antwort „Nein" einhandeln. Sie können jedoch auch wieder mit einem Satzgespenst spielen:

Verkäufer: „Wer vertritt ihn denn?"

Hier tut er so, als hätte der Auskunftgebende gesagt:

„Herr X ist nicht da – Sie müssen mit seinem Vertreter sprechen", oder: „– Sie müssen mit jemand anderem in unserem Haus sprechen."

Indem er direkt fragt, wer Herrn X vertritt, setzt er voraus, dass das Satzgespenst schon ein fester Kommunikationsbestandteil ist. Es besteht jetzt die Chance, dass der Gesprächspartner tatsächlich beginnt zu überlegen, wer statt Herrn X mit Ihnen sprechen könnte.

Man nennt diese Art Satzgespenster auch Implikate. Sie implizieren, legen zugrunde, dass über eine bestimmte Voraussetzung für Ihren Satz schon Übereinstimmung erzielt worden ist.

Gespenster-Bälle selbst in Umlauf bringen

Sie können auch von sich aus Gespenster-Bälle in Umlauf bringen, um Killerphrasen zu entschärfen. Überfällt Sie ein Kunde völlig verärgert mit einer Reklamation, könnte man beispielsweise sagen: „Wie können wir das wiedergutmachen?" Selbstverständlich ist der Ärger des Kunden nachvollziehbar, falls wirklich etwas schief gelaufen ist. Einige Charaktere sind dann jedoch so unversöhnlich, dass man durchaus mit einer Antwort wie „Das kann man überhaupt nicht wiedergutmachen" rechnen muss. Um dies zu vermeiden, können Sie selbst ein Satzgespenst einbringen. Sollte die Reklamation im Rahmen eines regelmäßig stattfindenden Kundenbesuchs stattfinden, könnte der Verkäufer so vorgehen:

Verkäufer: „Wollen wir jetzt gleich oder lieber später darüber sprechen, wie wir die Sache wiedergutmachen können – wie ist es Ihnen lieber?"

Er tut dabei so, als hätte der Kunde bereits gesagt: „Ja, ich möchte gern mit Ihnen über eine Wiedergutmachung sprechen." Er lässt in seiner Frage jetzt nur noch offen, ob das Gespräch „jetzt oder später" stattfinden soll. Somit bietet er dem Kunden eine Schein-Wahlfreiheit an. Das Basisverständnis darüber, dass überhaupt ein solches Gespräch stattfindet, hat er mit dem Satzgespenst geschaffen.

6 Das Spiel mit den Satzgespenstern ist eine Kick-Technik, die eine Weile bewusst geübt werden muss. Doch wenn Sie den „Spuk" beherrschen, haben Sie ein sehr wertvolles Kommunikationsmittel in der Hand. Sie erreichen damit, dass

- scheinbar beendete Gespräche weitergehen,

- die thematischen Karten „neu ausgegeben" werden und

- Ihr Gesprächspartner statt nur mit Ja oder Nein in ganzen Sätzen reagieren muss, die das Gespräch inhaltlich wieder nach allen Seiten öffnen können.

Kick 8: Richtungswechsel

Denken Sie zur Veranschaulichung dieses Kicks an ein Mannschafts-Ballspiel wie beispielsweise Fußball. Hier kann sich ein Spiel in Richtung auf beide Tore entwickeln. Doch rollt der Ball dabei nicht in völlig gerader Spur hin und her. Er kann auch von links nach rechts und umgekehrt oder diagonal über das Feld gespielt werden. Jede Ballberührung veranlasst alle 22 auf dem Spielfeld befindlichen Personen, ihre Richtungstaktik immer wieder zu verändern.

Neudefinitionen schaffen

Wenn Sie den Kick „Neudefinition" einsetzen, wechselt der Kommunikations-Spielball auf dem Verkaufsfeld spontan seine Richtung. Der Gesprächspartner muss seine zukünftigen Spielzüge revidieren und sich erst einmal auf die neue Richtung einstellen. Eigentlich ist die Technik ganz einfach. Sie müssen nur Wörter in den Killerphrasen durch neue Wörter ersetzen, die als Effekt eine Neudefinition der vom Kunden getroffenen Aussage bewirken. Man gibt den Dingen ganz einfach nur einen neuen Namen.

Dieser Kick-Technik ist auch die uralte und bewährte Verkaufsstrategie zuzuordnen, den Produkten einen neuen Namen zu geben. In Norddeutschland gibt es beispielsweise eine beliebte Räucherfisch-Delikatesse, die sich „Schillerlocke" nennt. Rein biologisch handelt es sich bei dem zubereiteten Fisch um einen Dornhai. Vor vielen Jahren mussten einmal die norddeutschen Fischer mangels Fischvorkommen in den heimatlichen Gewässern weit in nordische Gewässer fahren und stießen dort auf eine enorme Menge an Dornhaien. Als sie jedoch ihren üppigen Fang auf dem Markt anboten, fanden sich keine Käufer. Wer liebt schon Haie oder möchte diese gar essen? Daraufhin räucherten einige kreative Fischer ihren Fang und verkauften ihn als „Schillerlocke". Die Schillerlocke fand sofort reißenden Absatz – bis heute.

Neue Worte und Begriffe können Wunder wirken, weil sie im Gehirn Ihres Gesprächspartners mit ganz neuen und anderen subjektiven Bewertungen vernetzt sind als die Worte, die er eingebracht hat.

Bei dieser Kick-Technik können Sie wieder die beiden Phrasen-Satzteile A und B zugrunde legen.

Beispiel für die Neudefinition bei Satzteil A

Kunde: „Vertreter kommen mir nicht ins Haus."

Dieser Aussage liegt die – in diesem Fall gedachte – Killerphrase zugrunde: „Vertreter sind schlecht, wollen einen übervorteilen, einem etwas aufschwatzen" usw.

Vertreter: „In erster Linie verstehe ich mich als Berater" usw. Danach kann er nun auf die Kundenängste oder -vorbehalte eingehen, neue Argumentationen aufbauen, auf die Unverbindlichkeit des Gesprächs hinweisen. Es gibt hier verschiedene Möglichkeiten. Zumindest hat der Verkäufer aus dem „Haifisch eine Schillerlocke" gemacht, indem er den Begriff „Berater" zur Definition des Beziehungsangebots zum Kunden einführte.

Beispiel für die Neudefinition bei Satzteil B

Kunde: „Dieser Schrank ist zu teuer."

Verkäufer: „Dieser Schrank zählt heute schon zu den Klassikern vom morgen. Er wurde von dem Designer ... entworfen und ist eine sehr gute Geldanlage."

Hier wurden gleich zwei neue Definitionen statt der Aussage „zu teuer" eingebracht: „Klassiker von morgen" und „gute Geldanlage". Die Wirkung der Neudefinition ist besonders intensiv, wenn das ausgetauschte Wort auch nicht mehr ausgesprochen wird. „Teuer" wird hier gar nicht weiter erwähnt. Das Bewusstsein des Kunden ist jetzt vollständig auf die neuen Definitionen konzentriert.

Sollten Sie die eingebrachten Wörter noch einmal aufgreifen, können Sie den Kick-Effekt mithilfe Ihrer Körpersprache herausarbeiten:

Checkliste: Körpersprache	
Satzteil	**Körpersprache**
„Also, ich definiere mich selbst eigentlich gar nicht als Vertreter –	Sie nehmen eine inkongruente Körperhaltung ein, sprechen das Wort „Vertreter" im Rapport mit dem Kunden etwas zweifelnd.
– ich verstehe mich in erster Linie als Berater meiner Kunden."	Sie nehmen eine kongruente Körperhaltung ein und sprechen das Wort „Berater" mit überzeugendem Grundton.

Auf diese Weise werten Sie durch Ihr nonverbales Verhalten die Neudefinition auf.

Das Zeit-Argument

Sie können mit der Technik „Neudefinition" sogar etwas als „anders" deklarieren, was gar nicht anders ist. „Ich habe keine Zeit" ist beispielsweise eine gefürchtete Killerphrase, die vielen Verkäufern vorübergehend die Kommunikationsenergie raubt. Eine Neudefinition wäre hier:

Verkäufer: „Ich möchte Ihre Zeit auch gar nicht in Anspruch nehmen. Ich hätte Sie nur gern ganz kurz für zwei Minuten gesprochen."

Natürlich sind zwei Minuten auch Zeit. Doch ist es wieder eine Frage der Chunks, was jemand unter „Zeit haben" versteht. Vielleicht sind zwei Minuten ein so kleiner Chunk, dass Ihr Kunde diese Einheit gar nicht unter dem Stichwort „Zeit haben" abgespeichert hat. Minuten sind für ihn subjektiv etwas ganz anderes als „Zeit". Im Unterschied zur Chunk-Technik wird jedoch nicht der Zusammenhang zum neuen Wort betont, sondern die große Unterschiedlichkeit der neuen Definition herausgearbeitet. Weiterhin hat der Verkäufer in seinem Satz dem Kunden eine Definition seines Anliegens in den Mund gelegt und dann sofort die Neudefinition hinterhergeliefert: „in Anspruch nehmen" wurde mit „kurz sprechen" ersetzt. Schon wirkt der Satz subjektiv ganz anders.

6

Sie werden überrascht sein, wie oft Sie mit dieser Neudefinition beim „Zeit"-Argument Erfolg haben. Zwei gewährte Minuten kann man ohne Weiteres zu vier Minuten werden lassen. Zumindest entsteht Zeit genug, um mit einem festen Termin in der Tasche nach Hause zu gehen. In den meisten Fällen kommen Sie sogar noch weiter. Im minutenbegrenzten Gespräch sollten Sie sich selbstverständlich knapp halten, damit Ihr Kunde sich hinterher nicht ausgenutzt fühlt. Wird das Gespräch nun doch länger, sollten Sie und nicht der Kunde auf die Zeiteinschränkung eingehen: „Nun habe ich aber schon zu viel gesagt, die zwei Minuten sind bestimmt schon um." Findet der Kunde Ihre Gesprächsthemen nun doch sehr interessant, wird er von sich aus mehr Zeit investieren: „Lassen Sie nur, ein wenig können wir noch weitersprechen." Ist das Gespräch tatsächlich beendet, können Sie Ihren Kunden in Zukunft umso häufiger sprechen. Er weiß ja nun, dass Sie respektieren, wenn er wenig Zeit hat, und vertraut auf Ihr Verständnis. Sie werden nicht in seiner unbewussten Kategorie „Nerver", sondern in der Abteilung „netter, vernünftiger Mensch" abgespeichert.

Für den Spiel-Kick „Neudefinition" empfiehlt es sich, eine Liste gängiger Kundenwörter und -begriffe zu erstellen, die häufig in den Killerphrasen vorkommen. Legen Sie sich entsprechend einen Vorrat an „Neudefinitionen" zurecht, die Sie dann im Gespräch kreativ einsetzen können.

Kick 9: „Ein Ball ist wie ein Papagei"

Schon seit Tausenden von Jahren benutzen Menschen Metaphern zur Lösung ihrer Probleme. In diesen Geschichten geht es nicht um den reinen Inhalt, sondern um die Struktur. Diese Struktur vergleicht das Gehirn unbewusst sofort mit der Struktur von Aufgaben, Problemen und Themen, die in den Gedanken kreisen. Es überträgt dann symbolisch die Lösungsmöglichkeit aus der Geschichte sinngemäß auf das jeweilige Problem oder Lebensthema der betreffenden Person. Dazu passt folgende kurze Geschichte vom Affen, der einen Fisch vor dem Ertrinken retten wollte:

„Was um Himmels willen tust du?", fragte ich den Affen, als ich sah, dass er einen Fisch aus dem Wasser holte und ihn auf den Zweig eines Baumes setzte.

„Ich rette ihn vor dem Ertrinken", war die Antwort.

Antonio de Mello

Es ist klar, dass es sich bei dieser Geschichte nicht um das Thema „Verhaltensbiologie bei Affen" handelt. Das Unbewusste bzw. das Gehirn registriert sofort die Meta-Bedeutung: Es geht hier darum, dass jemand voller guter Absichten ist und beim eifrigen Handeln das Gegenteil seiner guten Absicht erreicht – ohne es zu merken. Schon fallen einem „menschliche" Beispiele ein: die Mutter, die ihr Kind aus Angst vor Gefahr überbeschützt, oder jemand, der nach Reichtum strebt und gar nicht merkt, wie er dabei arm wird, weil er nicht mehr in seinem „Element" lebt.

Eine Reisekauffrau erzählte: „Mit dieser Metapher konnte ich ein älteres Ehepaar dazu bringen, sich die langersehnte Amerikareise zu gönnen. Sie hatten zwar das Geld dazu, aber erstickten ihren Wunsch in Tausenden von Vorsichtsfragen. Später schickten sie mir dann sogar eine Karte, auf der stand: „Amerika ist ein Traum. – Ihre Fische."

Metaphern und Analogien einsetzen

Gute Verkäufer arbeiten intuitiv mit Metaphern, Symbolen und Bildern. Sie wissen genau, dass die Kunden mit diesen Mitteln Angebote, Argumente und das Produkt viel intensiver im Gedächtnis behalten als ohne „Illustration". Dabei symbolisieren die einzelnen Metapherelemente die kursierenden Gesprächsbausteine. Es spricht für sich, dass eine gute Verkaufsmetapher auf den Abschluss hinarbeitet.

Beispiel:

Kunde: „Ich kann nichts abnehmen, mein Lager ist schon voll."

Verkäufer: „Das Flussbett sagt doch auch nicht zur Quelle: ‚Hör auf zu sprudeln, ich bin schon voll.'"

6

Kreative Kunden könnten Ihre Metaphern natürlich auch für entsprechende Erwiderungen nutzen.

Kunde: „Aber Flüsse treten auch über die Ufer und überschwemmen die ganze Gegend."

Verkäufer: „Das kommt aber von Unwettern, von Regengüssen. Ich jedoch spreche vom reinen, hochwertigen Quellwasser, das den Fluss grundsätzlich belebt – auch in trockenen Zeiten."

Kunde: „Ich habe diesen Lieferanten schon seit Jahren und bin sehr zufrieden. Er hat mich noch nie im Stich gelassen. Ich wechsele nicht."

Verkäufer: „Kennen Sie eigentlich die Geschichte vom Schiffbrüchigen und dem Rettungsring?"

Kunde (hoffentlich!): „Nein, wie geht die?"

Verkäufer: „Ein Mann ist in Seenot. Jemand wirft ihm einen Rettungsring zu. Damit erreicht er das sichere Ufer. Dort angekommen, denkt er: Dieser Rettungsring ist sehr gut. Er hat mich die ganze Zeit nicht in Stich gelassen. Ich werde ihn ab jetzt immer tragen. Dann kann es mir nie wieder passieren, dass ich ertrinke. Also trägt er ihn überall an Land: auf Partys, im Bus, auf Konferenzen. Er ist sehr zufrieden, da er ja tatsächlich nicht ertrinkt. Er kommt gar nicht auf die Idee, sich zu fragen, ob er in der jeweiligen Situation richtig angezogen ist, das ist ihm ganz egal. Hauptsache, er trägt den Rettungsring. – Unser Unternehmen ist kein Rettungsring. Wir können Ihnen helfen, in jeder Situation immer wieder neue und „maßgeschneiderte" Lösungen zu finden. Könnte ich Ihnen dafür ein konkretes Beispiel nennen?"

Ich kenne tatsächlich einen Verkäufer, der mit dieser etwas längeren Metapher erst die Neugier eines abweisenden Gesprächspartners auf sich ziehen und ihn dann als Kunden gewinnen konnte. „Diese Geschichte setze ich zu gerne ein", erzählte er mir. Es ist das beste Heilmittel gegen die Litanei „Haben wir schon immer so gemacht, war schon immer so, hat uns noch nie geschadet" usw. Man hinterlässt beim Kunden die unbewusste Frage: „Tun wir wirklich das Bestmögliche?"

6

Intensive Kraftquellen

Metaphern können oft auch in einem kurzen Satz ausgedrückt werden. Denken Sie nur an die altbekannte Weisheit: „Es ist nicht alles Gold, was glänzt." Ein sehr gutes Beispiel für die Wirkung einer kurzen Metapher erlebte ich selbst in einem Feinkostgeschäft.

Beispiel:

> Eine Kundin parkte ihren Mercedes vor der Tür und betrat den Laden. Als sie an der Reihe war, fragte sie nach dem Preis für einen bestimmten Schinken. Auf die Antwort des Verkäufers reagierte sie entsetzt: „Sooo teuer?" – „Nun ja, dieser Schinken ist eben der Mercedes unter den Schinken", antwortete er spontan. Alle Leute im Laden lachten – einschließlich der Mercedes-Fahrerin. Dann fuhr er gleich fort: „Nun mal im Ernst – das ist tatsächlich etwas Besonderes. Ein echter Parma-Schinken. Schmeckt man sofort." Die Kundin kaufte 200 Gramm.

Zuvor erwähnte ich schon die „Reise"-Metapher für Seminare: „Überlegen Sie einmal, wie viel man heutzutage für Reisen ausgibt. Und ein Seminar ist vom Effekt und vom Nutzen her genau wie eine Reise. Sie lernen neue Welten kennen, bringen positive Erlebnisse mit nach Hause und profitieren von den neuen Eindrücken, die Sie erhalten haben. Manchmal kann es sein, dass ein erfahrener Reiseleiter Sie an Plätze bringen kann, die Sie allein nicht gefunden hätten. Deshalb werden auch unsere Seminare nur von sehr erfahrenen Trainern geleitet. Viele Urlauber lesen auch gern etwas über ihr Reiseziel, bevor sie aufbrechen. Wenn Sie schon etwas über unsere Seminare lesen wollen, kann ich Ihnen auch ein Buch empfehlen" usw.

Sie sehen an diesem Beispiel, dass jeder Verkäufer sich für sein spezielles Produkt oder für seine spezielle Dienstleistung eine Reihe von nützlichen Metaphern zurechtlegen kann. Die Anwendung von Metaphern zählt für mich zu den intensivsten Kraftquellen im Verkaufsgespräch.

Kick 10: Ins Tor treffen

Vor einiger Zeit suchte eine gute Bekannte bei mir Rat: „Ich möchte so gern wieder arbeiten gehen. Meine alte Firma hat mir eine Halbtagsstelle angeboten. Zu Hause fällt mir die Decke auf den Kopf! Mir fehlt die geistige Anregung, die Gespräche mit den Kollegen. Mein Beruf hat mir immer so viel Spaß gemacht. Aber ich weiß nicht, wie meine Kinder damit zurechtkommen. Sie sind sechs und zehn Jahre alt. Ich war in den letzten Jahren immer für die beiden da. Mein Mann sagt auch, ich solle wieder arbeiten. Er würde mich dabei unterstützen. Aber ich habe dann irgendwie das Gefühl, meinen Kindern zu wenig zu geben." – „Sind es Jungen oder Mädchen?" fragte ich. – „Es sind zwei Mädchen", war die Antwort. – „Wissen Sie, was für Mädchen ganz besonders wichtig ist, damit sie sich positiv entwickeln können?" – „Was denn?" – „Sie brauchen in ihrer Mutter ein gutes und positives Modell für ein erfülltes Frauen-Leben. Sie sollen später ja auch auf eigenen Beinen stehen, sich eine eigene Existenz aufbauen können. Die Zeiten, in denen das Wohl der Frau von einem Mann abhing, sind doch vorbei. Ihre Töchter profitieren nicht nur vom Bekocht- und

Versorgt-Werden. Sie müssen auch sehen, wie ihre Mutter Anerkennung und Erfolg hat. Das ist eine ganz große Hilfe, um in der Schule und im späteren Leben selbst zurechtzukommen. Deshalb: Seien Sie eine gute Mutter, und steigen Sie wieder in Ihren Beruf ein!" Kurze Zeit später sagte sie bei der Halbtagsstelle zu.

Wertekriterien und Wertehierarchie

Diese Form der Gesprächsführung nennt man im NLP „Hebeltechnik". Man arbeitet hier gezielt mit den Wertvorstellungen, die ein Mensch für sich entwickelt hat. Dabei hat jeder Mensch bewusst oder unbewusst eine Wertehierarchie, die die einzelnen Werte in ihrer Bedeutung und Wichtigkeit für den einzelnen Menschen abstuft. Die Frau im obigen Beispiel hat eine Reihe von Werten genannt, die durch die Halbtagstätigkeit erfüllt werden können: Spaß, geistige Anregung, Kontakte, eine gute Partnerschaft. Doch gibt es für sie noch einen darüberstehenden Wert, der die anderen von der Bedeutung her überragt: „eine gute Mutter sein". Obwohl die anderen wichtigen Werte mithilfe des Zukunftsplans erfüllt werden, kann sie sich nicht entscheiden, weil der ganz oben stehende Wert der Idee zur Veränderung eher entgegensteht. Sie hat Angst, den Kindern eine weniger gute Mutter zu sein, wenn sie arbeiten geht.

Der Hebel wird nun genau am wichtigsten Wert angesetzt. Das Thema „Arbeiten gehen" wird dem obersten Wert angepasst. Diesem Wert werden keine anderen gegenübergestellt, sondern es wird gesagt, dass dieser hohe Wert ganz besonders beim Berufstätig-Werden erfüllt wird. Sie ist eine gute Mutter, wenn sie ihren Kindern ein gutes Modell für ein erfülltes Leben ist.

Ballspiel-technisch heißt das, sich genau zu vergegenwärtigen, wo das Tor der anderen Mannschaft eigentlich steht. Es reicht nicht aus, den Ball nur in die andere Richtung zu bringen. Er muss haargenau ins Tor oder in den Korb gespielt werden. Stellen Sie sich einen Basketballspieler vor, der irgendwo an den Rand des Spielfelds läuft, mit dem Ball in der Hand nach oben springt und voller Anstrengung den Ball in ein nicht vorhandenes Tor wirft. Alles mag stimmen: die Beinarbeit, die Technik, die Sprunghöhe usw. Doch eines ist nicht erfüllt: Der Korb steht gar nicht an der Stelle, wo der kunstvolle Zielwurf stattfindet.

Sehen Sie sich als Beispiel für die Hebeltechnik noch einmal die folgende, weit verbreitete Killerphrase an:

Kunde: „Ich bin mit meinem Lieferanten zufrieden, ich wechsle nicht."

Es ist sehr gut möglich, dass für diesen Kunden Zufriedenheit tatsächlich einen sehr hohen Wert darstellt. Erzählt der Verkäufer jetzt etwas über die günstigeren Preise oder über den besseren Service seines Unternehmens, so mag er damit durchaus Werte des Kunden ansprechen – nur sind dem Kunden diese Werte zurzeit nicht so wichtig, um sich für einen Lieferantenwechsel zu entscheiden. Er liebt die Zufriedenheit, nicht das Optimale. Schon kleinste Änderungen im gewohnten Ablauf könnten das Zufriedenheitsgefühl stören, und das mag er nicht.

Da er jedoch seinen Wert so deutlich ausspricht, kann der Verkäufer sehr gut hebeln:

Verkäufer: „Dann sollten Sie uns erst recht einmal mit Ihrem jetzigen Lieferanten vergleichen. Vielleicht ist er ja wirklich besser. Aber nach so einer Bestätigung sind Sie dann noch viel zufriedener mit Ihrer Wahl. Natürlich könnten auch wir beim Vergleich besser abschneiden. In dem Fall würden auch wir Sie immer zufriedenstellen."

Der Hebel wird also bei dem Wert Zufriedenheit angesetzt. Da dieser Wert anscheinend in der Wertehierarchie des Kunden sehr weit oben steht, kann man voraussetzen, dass er Interesse daran hat, noch zufriedener zu werden. Der Verkäufer zeigt ihm, wie er diesen positiven Zustand weiter steigern kann, indem er sich auf eine Überprüfung seines Angebots einlässt. Auf diese Weise erreicht er den größtmöglichen Motivationsschub seines Kunden in Richtung einer positiven Entscheidung. Hat ein Verkäufer die höchsten persönlichen Werte seines Kunden erkannt, kann er ihm diese als sinnvolle Entscheidungshilfen anbieten, da sie eigentlich die wichtigsten Kaufmotive darstellen. Und natürlich können Sie auch den Wertehebel ansetzen, um Killerphrasen zu entschärfen.

Kunde: „Die letzte Lieferung war wieder unpünktlich. Habt ihr denn nur Idioten da sitzen?"

Verkäufer: „Dann gibt es nur einen richtigen Zeitpunkt, um die Sache auszubügeln – und zwar jetzt gleich. Lassen Sie uns darüber sprechen, wie wir das wieder gutmachen können."

Hier hat der Verkäufer den Hebel bei der Pünktlichkeit angesetzt. Es gibt Menschen, die darauf allergrößten Wert legen. Aus diesem Grund erklärt der Verkäufer an erster Stelle, dass „jetzt der richtige Zeitpunkt" zum Ausbügeln der Panne ist. Der Begriff „richtiger Zeitpunkt" ist natürlich die genaue Beschreibung des Phänomens „Pünktlichkeit". Ein Pünktlichkeitsliebhaber wird nun unbewusst sehr angetan davon sein, dass das jetzige Gespräch offensichtlich sehr pünktlich stattfindet – eben genau zum richtigen Zeitpunkt. Nach diesem Hebel ist die Motivation dieses Kunden groß, das Reklamationsgespräch konstruktiv und ohne verletzende Polemik mit dem Verkäufer fortzuführen.

Hohe und niedrige Werte

Erfahrene Verkäufer wenden die Hebeltechnik auch aufgrund ihrer professionell erworbenen intuitiven Menschenkenntnis an. Neulich war ich in einer Boutique. Vor mir wurde eine Kundin bedient, die offensichtlich eine Vorliebe für alles Auffällige hat. Das sah man an ihrer Frisur, an den Ohrringen, an der Kleidung: Alles war sehr kreativ als „Blickfang" angelegt. Sie probierte eine wirklich tolle Jacke an und sagte dann völlig genervt zur Verkäuferin: „Du meine Güte, warum ist die denn so teuer?" – „Teuer ist sie schon. Aber wenn Sie die tragen, wird man sich überall nach Ihnen umdrehen. Sie ist einmalig. Ist auch ein Einzelstück." Natürlich hatte die Verkäuferin sofort erkannt, welches Wertekriterium die Kleidung dieser Kundin erfüllen muss: Alles soll – natürlich im positiven Sinn – möglichst auffällig sein. Auf diese Weise hebelte die Verkäuferin das Bewusstsein der Kundin über das „Teuer"-Argument hinweg. Der Motivationsschub des hohen Wertes schaltete die Zugkraft des weniger wichtigen Wertes „Geldsparen" aus.

Apropos hoher oder niedriger Wert: Steht bei einem Menschen der Wert „Geldsparen" nur an zehnter Stelle der Wertehierarchie, heißt das nicht, dass dieser Wert keine Bedeutung für ihn hat. Es ist nur eine Frage der Dosierung: Wie stark beeinflusst dieser

Wert mein Leben, meine Entscheidungen und somit auch meine Kaufentscheidungen? Die Antwort kann nur sein: „stark" oder „weniger stark" – es wäre aber falsch zu sagen: „gar nicht". Der weiter unten angesiedelte Wert muss zwar auch gelebt werden, hat aber keine absolute Hebelkraft als Motivationsfaktor.

Beispiel:

Wir haben beispielsweise einen Hund, der nur zögerlich und scheinbar mühselig ins Auto klettert. Letztendlich begibt er sich aber immer hinein, da er ja schließlich mitgenommen werden möchte. Das ist für ihn also auch ein Wert. Legt man jedoch einen Hundekuchen ins Auto, kann von Zögern keine Rede mehr sein. Mit einem einzigen dynamischen Satz fliegt er elegant ins Auto, um möglichst schnell an die Belohnung heranzukommen.

Im konkreten Moment stellt die Gaumenfreude den weitaus höheren Wert dar und beflügelt die Entscheidungsfreudigkeit des Hundes, ins Auto einzusteigen. Natürlich ist es fragwürdig, Tiere mit Menschen zu vergleichen, doch in diesem Fall möchte ich diese Hundegeschichte als nützliche Metapher zum Thema „Werte und Entscheidungsmotivation" ansprechen.

6

Ich möchte Ihnen hier noch die von meiner Trainerkollegin Barbara Schott erstellte Liste „Werte von A bis Z" präsentieren, um Ihnen einen Eindruck von der Vielfalt menschlicher Werte zu vermitteln. Sehen Sie dies als Motivation, sich für verschiedene Werte einige Hebelformulierungen für Ihre Verkaufsgespräche zurechtzulegen. Das kann für Ihren beruflichen und persönlichen Erfolg sehr wichtig sein, denn:

- Es macht Spaß.

- Sie könnten damit reich werden.

- Es bringt Anerkennung, wenn man kreativ kommuniziert.

- Es bringt Ordnung in die Gedankenabläufe.

- Diese Technik sorgt für mehr Harmonie zwischen Ihnen und Ihren Kunden.

Werte von A bis Z

Achtung	Harmonie	Rechtmäßigkeit
Aktivität	Heiterkeit	Redegewandtheit
Altruismus	Herkunft	Reichtum
Anerkennung	Höflichkeit	Ruhe
Ausgeglichenheit	Identität	Ruhm
Bildung	Individualismus	Selbstverwirklichung
Charisma	Kameradschaft	Sexualität
Demokratie	Klugheit	Sicherheit
Distanz	Kompetenz	Sparsamkeit
Disziplin	Kreativität	Stärke
Ehre	Lässigkeit	Tapferkeit
Ehrlichkeit	Lebensstil	Toleranz
Einfluss	Liebe	Treue
Erfolg	Macht	Überlegenheit
Familie	Menschlichkeit	Überzeugung
Freiheit	Mitgefühl	Umweltschutz
Freude	Mut	Unabhängigkeit
Freundschaft	Nachkommen	Verantwortung
Frieden	Nachsicht	Vergnügen
Gastlichkeit	Nähe	Vernunft
Gerechtigkeit	Objektivität	Vertrauen
Geschmack	Offenheit	Wahrheit
Geselligkeit	Ordnung	Wechsel
Gesundheit	Persönlichkeit	Weisheit
Glaube	Pflichtbewusstsein	Weitblick
Gleichheit	Phantasie	Zärtlichkeit
Glück	Pragmatismus	Zeitlosigkeit
Gute Laune	Pünktlichkeit	Zugehörigkeit

6

aus: Barbara Schott: „Andere Wege wagen"

Kick 11: „Der Sinn des Spiels"

Stellen Sie sich vor, Sie schauen am Wochenende bei einem Handballspiel zu. Sollten Sie nach dem Spiel die verschiedenen „Handballer" nach ihrer Motivation zum Spielen befragen, werden Sie eine Reihe von ganz unterschiedlichen Antworten erhalten, obwohl alle am gleichen Spiel teilgenommen haben. Der eine spielt, weil es ihm Spaß macht. Der nächste möchte sich gern fit halten.

Wieder ein anderer ist am Kontakt zu den Spielern seiner Mannschaft interessiert. Natürlich möchten einige hauptsächlich gern gewinnen.

Das wichtigere Thema anschneiden

Hier geht es eigentlich wieder um die Werte des Einzelnen, die ganz individuelle Motivationsschübe liefern. Bei der Kick-Technik „Das wichtigere Thema anschneiden" geht man jedoch nicht auf die persönliche Wertehierarchie des Gegenübers ein. Man stellt vielmehr zur Diskussion, ob der Kunde vielleicht übersehen oder vergessen hat, an die Erfüllung eines bestimmten Wertes zu denken. Man suggeriert den Gedanken: „Eigentlich geht es in diesem Fall doch um etwas viel Wichtigeres!" Man könnte beispielsweise einem verbissenen Sportler sagen: „Das allerwichtigste bei jeder Art von Spiel ist, dass es Spaß macht!"

Der Verkäufer muss bei dieser Kick-Technik mit seiner gesamten Kongruenz und mit überzeugender Ausstrahlung herausarbeiten, was das „Wichtigere" ist. Dabei sagt er natürlich nicht zum Kunden: „Was Sie da diskutieren, ist unwichtig." Man geht schon diplomatischer vor:

Verkäufer: „Wir sprechen hier gerade über den Preis, das ist natürlich sehr wesentlich. Jedoch: Das wichtigste Thema beim Autokauf ist heutzutage das Thema Sicherheit – leider! Denn es passiert ja so viel. Ein Menschenleben ist nicht mit Geld zu bezahlen –" usw.

Der Verkäufer sagt wohlweislich: „Wir sprechen gerade –". Er drückt damit aus, dass er auch selbst vorübergehend das weniger bedeutsame Thema mitgetragen hat. Aber nun erinnert er sich an seinen Verkaufsauftrag und betont, was eigentlich wichtig bei seinem Angebot, seinem Produkt ist.

Neugier wecken

Es gibt viele Menschen, die derartigen Ausführungen interessiert folgen. Wer möchte nicht gern wissen, was das „eigentlich Wichtige, Bedeutsame oder Interessante" ist? Sie können sehr gut an der Körpersprache erkennen, wie gut Ihre Kunden Ihnen bei dieser Kick-Technik folgen. Bei Interesse wirkt der Kunde sofort aufmerksam und neugierig, nimmt vielleicht sogar eine kongru-

6

ente Körperhaltung ein. Besonders die Frage: „Wissen Sie, was das eigentlich Wichtige bei – ist?", weckt die natürliche Neugier Ihres Gegenübers. Die Frage wirkt ebenso magisch wie: „Haben Sie schon das Neueste gehört?" Die Wirkung erhöht sich, wie gesagt, mit dem Einsatz Ihrer nonverbalen Kongruenz.

Obwohl diese Kick-Technik keine komplizierte Kunst darstellt, kann sie eine besonders positive Wirkung entfalten. Vor allem bei der Konfrontation mit Killerphrasen kann die Antwort: „Wissen Sie, was das Allerwichtigste ist?", wahre Wunder wirken. Sie hebeln hier das allgemeine Interesse und die natürliche Neugier Ihres Kunden. Auch hier empfiehlt sich für jeden Verkäufer eine gezielte Vorbereitung zum Thema „Das wirklich Wichtige an meinem Produkt bzw. an meinem Angebot".

Kick 12: Den Ball bestaunen

Dieser Kick ist auch wieder ein „Meta-Kick", der den gesamten Themeninhalt einer Kundenaussage ändert. Mit der Ballspiel-Metapher könnte man ihn so beschreiben: Stellen Sie sich vor, zwei Freunde treffen sich zum Tennis. Der eine bringt die Bälle mit. Eigentlich ist jetzt sein Freund mit dem Aufschlag an der Reihe, doch er verhält sich ganz anders als erwartet. Er nimmt den Ball prüfend in die Hand und bestaunt ihn von allen Seiten. Anstatt zu spielen, geht er ans Netz und ruft seinen verdutzten Spielpartner zu sich heran. „Sag mal, wo hast du denn diesen Ball her?", fragt er staunend. „Das ist ja ein tolles Material. Ich habe mich schon gewundert, warum man damit so gut spielen kann. Wo gibt es diese Bälle? Ich möchte mir auch welche kaufen!"

Dieses Verhalten bewirkt eine absolute Musterunterbrechung des Spielablaufs. Die gleiche Wirkung würde man natürlich erzielen, wenn man den Schläger des anderen bestaunt oder ihn ganz aufgeregt nach seinem Tennislehrer fragt, weil er so bewundernswert spielt. Auf diese Weise verlässt man thematisch die Ebene des Schlagabtauschs. Das gegenseitige Sichmessen wird ersetzt durch ein staunendes „Wie machst du das nur?". Man fragt den Gesprächspartner also nach der Machart seiner Formulierungstechnik. Man interessiert sich für seine Denkstrategien und Argumentationsfindung.

Die Forschungsstrategie

Das Besondere dieser Kick-Technik ist das offensichtliche Bewundern der Spieltechnik des Anderen. Man nennt dieses Vorgehen Forschungsstrategie, weil man sich quasi forschend für die Machart der Sätze des Gegenübers interessiert. Der Inhalt ist scheinbar weniger interessant. Im übertragenen Sinne möchte man nicht im Auto mitfahren, sondern einen prüfenden Blick unter die Motorhaube werfen. Hierzu kommen viele mögliche Formulierungen in Frage.

„Sagen Sie mir bitte, wie sind Sie jetzt eigentlich auf dieses Argument gekommen?"

„Ich habe bestimmt schon viele Verkaufstrainings mitgemacht, aber mit solchen Einwänden habe ich jetzt wirklich nicht gerechnet."

„Wissen Sie was? Ich bewundere Ihre Formulierungstechnik. Sie haben meinen Satz eben ganz geschickt umgedeutet. Sie sind ein guter Rhetoriker!"

„Wie machen Sie das nur, dass Sie sich durch nichts überzeugen lassen?"

6

Dieser Kick hat natürlich eine äußerst rasante Dynamik. Hier sollten Sie besonders auf den nonverbalen Rapport zu Ihrem Gegenüber achten. Ist kein Rapport vorhanden, könnte diese Technik bei Ihrem Gesprächspartner eher das Gefühl des „Veräppeltwerdens" hinterlassen. Doch bei gutem Rapport lohnt sich der Einsatz dieser Technik sehr. Sie können so ganz verschiedene konstruktive Ziele erreichen:

1. Sie bringen Humor ins Gespräch. Für viele Kunden hat das im eher eintönigen Alltag einen unschätzbaren Wert.

2. Obwohl dies ein besonders geschickter Schachzug ist, reinigen Sie sich von dem Verdacht, ein gewiefter „Überreder" zu sein. Sie vertauschen die Rollen, indem Sie Ihren Kunden als einen solchen ins Licht stellen.

3. In sehr vielen Fällen fühlt sich der Kunde tatsächlich geschmeichelt, wenn Sie seine Rhetorik bewundern.

4. Sie stärken Ihre kongruente Ausstrahlung. Indem Sie so zum Kunden sprechen, drücken Sie aus, dass er Ihrer Meinung nach eine Technik benutzt, um Sie herunterzuhandeln. Sie zeigen so implizit, dass Sie selbst nicht die leisesten Zweifel an der Güte Ihres Angebots haben.

Beispiel:

Wenn von dieser Kick-Technik die Rede ist, muss ich immer an ein bestimmtes Seminar zum Thema „Killerphrasen" denken, an dem auch mehrere Psychologen teilgenommen hatten. Wir Psychologen müssen uns in verschiedensten Situationen immer wieder mit folgender Killerphrase herumschlagen: „Ach, Sie sind Psychologe, da können Sie mich sicher durchschauen." Die Psychologen bildeten ein Arbeitsteam, um die verschiedenen Kicks zu dieser Phrase zu formulieren. Bei der Forschungsstrategie wurde folgende Möglichkeit als Antwort genannt: „Sagen Sie, darf ich mir den Satz, den Sie eben sagten, schnell einmal aufschreiben? Ich arbeite nämlich an einem Buch zum Thema „Vorurteile gegenüber Psychologen".

6

Kommunikationserfolge in vier Phasen

7

Wichtige Phasen im Verkaufsgespräch

Wenn Sie im Verkaufsgespräch das Phrasen-Kickspiel einsetzen wollen, sollten Sie auch eine Einschätzung der verschiedenen Phasen haben, die einen Gesprächsablauf bestimmen können. Ein Bewusstsein über dessen Verlauf ist für die Wirkung Ihrer Kommunikation äußerst wichtig. Man kann beispielsweise auch nicht mit der Ernte beginnen, bevor gesät wurde. Ebenso muss in jedem Verkaufsgespräch der Boden bereitet und „gesät" werden, bevor der Verkaufserfolg sich überhaupt einstellen kann.

Sehen Sie hier noch einmal die Zusammenfassung der vier wichtigsten Phasen in einem Verkaufsgespräch.

Rapport

Das Thema der „guten Wellenlänge" wurde in Kapitel 4 ausführlich beschrieben. Obwohl dieser Auftakt so selbstverständlich erscheint, werden schon in dieser Phase die meisten Verkäuferfehler begangen. Man ist so sehr mit seinen Verkaufsargumenten beschäftigt, dass man nicht mehr auf die persönlichen Besonderheiten seines Kunden achtet. Gewöhnen Sie sich deshalb daran, sekundenschnell auf das nonverbale Temperament Ihres Kunden zu reagieren. Gehen Sie dabei ganz individuell auf ihn ein: Beachten Sie Nähe, Distanz, Sprechtempo, Sprachstil usw.

Erinnern Sie sich daran, dass es manchmal nur zehn Sekunden braucht, um die erste nonverbale Wellenlänge herzustellen. Barbara Schott erwähnt in ihrem Verkaufsbuch „Lust statt Frust", dass Menschen bei der ersten Begegnung innerhalb von nur sieben Sekunden den ersten Eindruck ihrer Mitmenschen einspeichern, an dem sie dann erst einmal eine Weile hängen bleiben. Sieben Sekunden sind für kluge Reden und charismatische Selbstdarstellungen viel zu kurz. Nutzen Sie stattdessen in dieser kurzen Zeit die Kraft der nonverbalen positiven Wellenlänge.

„Kleinster gemeinsamer Nenner"

Ist der Rapport hergestellt, arbeiten Sie im Gespräch auch inhaltlich immer wieder den „kleinsten gemeinsamen Nenner" zwischen Ihnen und Ihrem Kunden heraus. Ich habe diesen Begriff dem Buch „Die Schatztruhe" von Richard Bandler und Paul Donner entnommen. Man nennt dieses Vorgehen „inhaltliches Leaden". Reklamiert Ihr Kunde beispielsweise, könnte man als „kleinsten gemeinsamen Nenner" mit dem einleitenden Satz „Ich wäre an Ihrer Stelle auch ärgerlich" beginnen. Findet ein Kunde etwas zu teuer, sagen Sie: „Gewiss, das ist eine Menge Geld." Sind Sie hingegen der Ansicht, dass Sie ein besonders günstiges Angebot machen – also gar nicht teuer sind –, sollten Sie dennoch den kleinsten gemeinsamen Nenner suchen: „Es ist ja heutzutage wirklich wichtig, sein Geld zusammenzuhalten." So besteht der kleinste gemeinsame Nenner in der gleichen Einstellung zum Thema „Geldsparen". Danach kann dann die Überleitung zu Ihren Argumenten stattfinden. Einige der Kick-Techniken aus dem Phrasen-Kickspiel können für das Herausarbeiten des „kleinsten gemeinsamen Nenners" schon benutzt werden.

Ein wenig Small Talk eignet sich natürlich ideal, um den kleinsten gemeinsamen Nenner herauszuarbeiten. Es reicht nämlich auch, wenn Sie ein solches Erlebnis der Gemeinsamkeit schon beim Sprechen über das Wetter, die Politik oder den Urlaub erzielen. Dabei sollten Sie sich in diesen Gesprächen nicht zu Meinungen Ihres Gegenübers hin verbiegen, sondern auch hier wieder den „kleinsten gemeinsamen Nenner" bewusst machen.

Beispiel:

Bevorzugen Sie Norwegen als Urlaubsland, Ihr Kunde hingegen Spanien, dann sollten Sie nicht sagen: „Spanien finde ich auch ganz toll." Der Kunde könnte an Ihrer nonverbalen Inkongruenz unbewusst wahrnehmen, dass diese Aussage gar nicht stimmt. Der kleinste gemeinsame Nenner wäre hier beispielsweise: „Da geht es Ihnen wie mir. Man entdeckt plötzlich einen Urlaubsort, an den es einen immer wieder hinzieht. Bei mir ist das zum Beispiel Norwegen."

7

Der kleinste gemeinsame Nenner ist hier im Beispiel die Sehnsucht nach einem ganz bestimmten Urlaubsort, den man immer wieder aufsucht. Hat der Kunde den kleinsten gemeinsamen Nenner im Zusammenhang mit Ihrer Person erlebt, haben Sie ideale Voraussetzungen dafür geschaffen, dass er dem Verkaufsgespräch gern folgen wird. Es gibt das alte Sprichwort: „Gleich und gleich gesellt sich gern." Mit einem guten nonverbalen Rapport und indem Sie den kleinsten gemeinsamen Nenner auf der Inhaltsebene betonen, wird Ihr Kunde optimal motiviert, sich zu Ihnen gesellen zu wollen.

Musterunterbrechung

Haben Sie nun die „psychologische Geselligkeit" hergestellt, besteht eine kleine Gefahr: Es könnte durchaus passieren, dass der Kunde die Führung des Gesprächs übernimmt und Sie Ihr Verkaufsziel nicht erreichen. Ein Anzeigenvertreter erzählte mir neulich: „Ich erinnere mich an einen ganz besonders geschickten Kunden, von dem ich mich zu Beginn meiner Außendiensttätigkeit richtig ausnutzen ließ. Das war ein ganz sympathischer Mann mit einer sehr überzeugenden Ausstrahlung. Ich war gedanklich so auf seiner Seite, dass ich Zugeständnisse gemacht habe, die für unseren Verlag sogar von Nachteil waren." Jeder Verkäufer kennt diese Kundensorte. Man gewährt zu günstige Konditionen, unendlich lange Beratungsgespräche und Leistungen, die an die Grenzen des Unmöglichen gehen.

Deshalb müssen Sie im Zustand der „Geselligkeit" darauf achten, nach dem Pacing auch das Leading so weit zu übernehmen, dass Sie auch zu einem erfolgreichen Abschluss kommen. An dieser Stelle hat das Phrasen-Kickspiel eine besonders große Bedeutung für Ihre Ziele. Selbstverständlich ist Ihr Kunde in seinem Denkmuster zunächst verfestigt. Verkaufen heißt eigentlich auch überzeugen. Möchten Sie jemanden überzeugen, ist es oft nötig, den Gesprächspartner in seiner Denkrichtung zu beeinflussen. Er soll Vorurteile aufgeben, Argumente abwägen, an die er bisher nicht dachte, und Vorteile wahrnehmen, die ihm bisher in dieser Weise nicht bewusst waren. Sie wollen also seinen Gedankenkreislauf durchbrechen, um seine Gedanken in neue Bahnen schicken zu können.

Ein scheinbar logischer Gedankenkreis entspricht einem Denkmuster. Es ist Ihre Aufgabe, dieses Muster zu unterbrechen. Ihr Kunde ist darauf vorbereitet. Kein Kunde erwartet tatsächlich, dass der Verkäufer unrentable Geschäfte abschließt. Deshalb geht

7

er in der Verkaufssituation bewusst oder unbewusst auch immer davon aus, dass der Verkäufer die Kundengedanken zu seinem Verkaufsziel lenken möchte. Das gehört schon seit Jahrtausenden zum „Verkaufsspiel".

„Denkmuster-Kompromiss" zwischen Kunde und Verkäufer

Das Phrasen-Kickspiel bietet Ihnen viele Möglichkeiten, Denkmuster Ihrer Kunden zu öffnen. Sie geben seinem Gedankenkonstrukt einfach einen kleinen „Kick", es bekommt auf diese Weise kleine Risse. So wird das Denken des Kunden für Ihre Argumente geöffnet. Sie können das „Leaden" erst dann übernehmen, wenn der Kunde sein Denkmuster kurz unterbricht. Es kann sogar sein, dass Ihr Kunde unmittelbar nach einer Musterunterbrechung mit einer körperlichen Inkongruenz reagiert. Das zeigt Ihnen, dass er mit seiner bisherigen Meinung nicht mehr im Einklang ist. Die Musterunterbrechung ist geglückt. Wenn Sie nun weiterreden, sollten Sie aus den Augenwinkeln immer darauf achten, dass der Kunde wieder symmetrisch wird, indem er Ihrer Gesprächsführung folgt. Das zeigt Ihnen, dass er mit Ihren Argumenten in eine positive Balance gerät.

Auf dieser Basis wird sich ein „Denkmuster-Kompromiss" zwischen Verkäufer und Kunde ergeben, der dann zu einer für beide Seiten günstigen Lösung führt. Gelingt Ihnen eine Musterunterbrechung nicht, können Sie Ihr Verkaufsziel schnell aus den Augen verlieren, da jetzt nur noch die Einkaufsvorstellungen Ihres Kunden das Gespräch bestimmen. Die Musterunterbrechung sorgt folglich dafür, dass sich durch Ihr Ankicken oder „Anklopfen" die Wahrnehmungspforten Ihres Kunden für Ihre Gesprächsinhalte öffnen.

7

Zum Erfolg führen

Dieser vierte Schritt ist nun der leichteste nach den vorangegangenen drei Phasen. Sie haben nonverbalen Rapport, Ihr Kunde fühlt sich auch inhaltlich mit Ihnen auf einer Wellenlänge und hat seine Denkpforten gegenüber Ihren Ausführungen geöffnet. Nachdem Sie zuvor äußerst sorgfältig vorgegangen sind, können Sie diesen Schritt sehr zügig abwickeln: „Also, wie viel sollen wir Ihnen liefern?" oder: „Soll es die Jacke sein?" oder: „Dann darf ich mir Folgendes notieren –" usw. Verstehen Sie diese Phase wie den Punkt hinter dem Satz. Man sollte auch einen Satz nicht allzu lange in der Luft schweben lassen, wenn schon alles gesagt ist.

Der Punkt vermittelt ein gutes und rundes Gefühl, wenn er zum Schluss an der richtigen Stelle gesetzt wird. Umgekehrt vermittelt er ein unangenehmes Empfinden, wenn er mitten im Satz steht: „Obwohl die Sonne schien." Man ist gedanklich mit dem Satz gerade in Bewegung gekommen und erlebt wegen des zu früh gesetzten Punkts die unangenehme Dynamik einer Vollbremsung. Ein ähnlich unangenehmes Gefühl kann beim Kunden entstehen, wenn Sie schon abschließen wollen, bevor beispielsweise ein Rapport hergestellt ist oder der Kunde immer noch vollständig im Muster zweifelnder Gedanken kreist. Sie haben übrigens schon ein optimales Merkmal kennengelernt, um den richtigen Moment für den Verkaufsabschluss zu identifizieren: Achten Sie jetzt einfach besonders bewusst auf die nonverbale Kongruenz Ihres Kunden, bevor Sie die eigentliche Kaufabschluss-Phase anvisieren. Bemerken Sie dieses nonverbale Signal, sollten Sie den Abschluss, wie oben geschildert, zügig durchziehen. Sind Sie an dieser Stelle zu langsam, wird aus dem Gespräch ein schwebendes Verfahren ohne Punkt. Bejaht der Kunde jedoch Ihre Abschlussausführungen in einer kongruenten Haltung, wird er diesen Abschluss bewusst und unbewusst in guter Erinnerung behalten und auch später noch positiv zu seiner Kaufentscheidung stehen.

Setzen Sie in dieser Phase auch gezielt die eigene Körpersprache ein: Sprechen Sie über Ihr Produkt und den Verkaufsabschluss jetzt ebenfalls in der überzeugenden, kongruenten Körperhaltung.

Die positive Panne

8

Auch in Zukunft erfolgreich

Nun ist es so weit: Sie haben Ihr Verkaufsgespräch erfolgreich abgewickelt, haben die Energie der Killerphrasen erfolgreich in positive Verkaufsenergie verwandelt und freuen sich über einen für beide Seiten positiven Verkaufsabschluss. Eigentlich könnte der Prozess an dieser Stelle beendet sein. Tatsächlich ist aber kein getätigter Verkauf beim erfolgreichen Abschluss zu Ende, denn nun steht ja noch die Zukunft bevor. Die Zukunft, in der Ihr Kunde mit seiner Entscheidung und Ihrem Produkt allein ist.

In der Einführung erwähnte ich bereits, wie wichtig für jeden guten Verkäufer die Pflege eines zufriedenen Kundenstamms ist. Jeder erfahrene Verkäufer hat Respekt vor dem sogenannten „postdecisional regret" seines Kunden, zu Deutsch: dem nachträglichen Bedauern über die getroffene (Kauf-)Entscheidung. Ist der Kunde unglücklich oder unzufrieden mit dem getätigten Kauf, wird er sein Missbehagen subjektiv mit Ihrer Person in Zusammenhang bringen und Ihnen zukünftig ausweichen. Schon verlieren Sie einen wertvollen „Kandidaten" für Ihren Kundenstamm. Darum werden gute Verkäufer ihren Kunden nichts „andrehen", von dem sie ganz genau wissen, dass er später damit unzufrieden sein wird. Hier versteht sich der Verkäufer zugleich als Kaufberater, der im konkreten Fall auch einmal vom Kauf abrät. Kurzfristig schreibt er dann nicht so gute Zahlen, aber langfristig hat er seinen Kundenstamm gestärkt, was dann sogar zu höheren Umsatzzahlen führen kann.

8

Unvorhersehbares mit einplanen

Aber auch wenn Ihr Kunde ganz offensichtlich von seiner Neuerwerbung begeistert ist, sollten Sie den „postdecisional regret" mit einkalkulieren. Es wäre unrealistisch, davon auszugehen, dass ein Produkt ewig hält oder eine Dienstleistung stets hundertprozentig und völlig fehlerfrei abgewickelt wird. Aus diesem Grund ist es sehr nützlich, einer zukünftigen Panne positiv vorzubeugen, anstatt ewige Haltbarkeit zu versprechen. Natürlich sollten Sie die Kaufeuphorie nicht unterbrechen, indem Sie sagen: „Freuen Sie sich nicht zu sehr, dieses Auto hat bestimmt später einmal ein paar Pannen." Stattdessen hat sich folgende Formulierung bewährt:

Verkäufer: „Und sollte dieser Wagen einmal eine Panne haben, fahren Sie damit bitte nicht in irgendeine Werkstatt. Gehen Sie immer in eine Vertragswerkstatt, wo sich das Personal hundertprozentig mit diesem Auto auskennt. So werden Sie lange etwas von ihm haben."

Hier wird gar nicht diskutiert, ob das Auto einmal eine Panne haben wird oder nicht. Der Verkäufer spricht diese wahrscheinliche Möglichkeit ganz selbstverständlich und kongruent an. Doch er nutzt diese zukünftige Panne, um nochmals auf den großen Wert und die Besonderheit der Neuerwerbung aufmerksam zu machen. Das Auto ist so besonders und so gut, dass es nur in die Hände von qualifiziertem Fachpersonal kommen sollte. Steht später wirklich einmal eine Reparatur an, wird der Kunde in diesem Moment positiv an Sie denken. Sie haben ihm ja sogar einen guten Tipp für diesen Augenblick mit auf den Weg gegeben.

Entsprechend hat es sich auch bewährt, bereits im Vorfeld über mögliche Modalitäten bei Reklamationen zu sprechen. Nutzen Sie gerade die guten Momente mit Ihrem Kunden, um entsprechend für die Zukunft vorzusorgen. Machen Sie sich dazu kritisch bewusst, was tatsächlich mit Ihrem Produkt oder Ihrer Dienstleistung außer der Reihe passieren könnte, und bieten Sie dem zurzeit zufriedenen Kunden für einen solchen Moment schon jetzt Ihre Hilfe, Ihre Unterstützung oder die richtigen Tipps an. So haben Sie schon in der Gegenwart die „positive Zukunftspanne" programmiert.

8

Ihr Trainingsprogramm im Phrasen-Kickspiel

Vielleicht haben Sie schon während der Lektüre des Buches Elemente daraus praktisch ausprobiert. Wenn Sie sich den Stoff systematisch erarbeiten wollen, empfiehlt sich ein entsprechendes Stufenprogramm.

1. Sorgen Sie zunächst gezielt für Ihre positive Verfassung im Kundengespräch. Bereiten Sie sich mit der Übung „Moment of excellence" vor. Testen Sie im „Life"-Gespräch Ihren „Zauber-Finger".

2. Achten Sie eine Woche lang gezielt auf den nonverbalen Rapport zu Ihren Kunden. Stellen Sie sich bewusst auf die unterschiedlichen Charaktere ein und üben Sie Pacen und Leaden.

3. Nehmen Sie sich wöchentlich jeweils nur zwei bis drei Kick-Techniken aus dem Phrasen-Kickspiel vor, die Sie dann bewusst einüben und einsetzen. Bereiten Sie nach Bedarf auch einige Formulierungen zu dem entsprechenden Kick vor, den Sie einsetzen wollen (z. B. Zitate-Sammlung für den Kick „Modell von der Welt").

Auf diese Weise können Sie bereits nach sechs bis acht Wochen völlig fit und kreativ mit Killerphrasen umgehen. Anschließend können Sie den Stoff immer wieder beim Querlesen auffrischen.

Viel Spaß und viel Erfolg!

8

Anhang

9

Literatur

Bandler, R./Donner, P.: Die Schatztruhe. NLP im Verkauf. Junfermann Verlag, Paderborn 1999

Besser-Siegmund, C.: Magic Words. Der minutenschnelle Abbau von Blockaden. Junfermann Verlag, Paderborn 2001

Besser-Siegmund, C.: Mentales Selbst-Coaching. Die Kraft der eigenen Gedanken positiv nutzen. Junfermann Verlag, Paderborn 2006

Besser-Siegmund, C./Dierks, M./Siegmund, H.: Sicheres Auftreten mit wingwave-Coaching. Punktgenaues Emotionsmanagement bei Auftrittsangst und Lampenfieber. Junfermann Verlag, Paderborn 2007

Besser-Siegmund, C./Rathschlag, M.: Mit Freude läuft's besser. Durch wingwave positive Emotionen fördern und Leistung steigern. Junfermann Verlag, Paderborn 2013

Besser-Siegmund, C./Siegmund, H.: wingwave-Coaching. Wie der Flügelschlag eines Schmetterlings. Junfermann Verlag, Paderborn 2010

Franke, E.-U.: Durch Kundeneinwände mehr verkaufen. Verlag Moderne Industrie, Landsberg/Lech 1984

Grinder, J./Bandler, R.: Kommunikation und Veränderung. Die Struktur der Magie II. Junfermann Verlag, Paderborn 2009

Schott, B.: Lust statt Frust. Junfermann Verlag, Paderborn 1992

Schott, B.: Andere Wege wagen. Rowohlt Verlag, Reinbek bei Hamburg 1994

Tannen, D.: Du kannst mich einfach nicht verstehen. Goldmann Verlag, München 1998

Watzlawick, P.: Anleitung zum Unglücklichsein. Piper Verlag, München 2009

9

Individuelles Coaching und Training

Die Diplom-Psychologin Cora Besser-Siegmund (*1957) ist approbierte Psychotherapeutin, NLP-Lehrtrainerin (DVNLP), NLC-Lehrtrainerin (Gesellschaft für Neurolinguistisches Coaching) und Lehrcoach (ECA) sowie Supervisorin für EMDR (Eye Movement Desensitization and Reprocessing). Im Jahr 2001 begründete sie zusammen mit ihrem Mann Harry Siegmund die wingwave-Methode, die mittlerweile international von mehreren Tausend wingwave-Coaches angewendet wird.

Die Methode wurde bereits erforscht und ihre Wirksamkeit wissenschaftlich belegt. Seit über 20 Jahren leitet sie das BESSER-SIEGMUND-INSTITUT, das sich im Herzen Hamburgs befindet. Cora Besser-Siegmund entwickelte etliche Verfahren für Therapien und Coachings, die sie einem breiten Publikum in einer Reihe von Sachbüchern bekannt gemacht hat. Zahlreiche Manager, Führungskräfte, Sportler, Künstler und Kreative nutzen die seit Jahren erfolgreichen Kurzzeitcoaching-Methoden Magic Words und wingwave-Coaching.

Alle Informationen zum BESSER-SIEGMUND-INSTITUT und zu seinen Ausbildungsangeboten finden Sie unter www.besser-siegmund.de.

Cora Besser-Siegmund und Harry Siegmund freuen sich über Ihr weiteres Interesse an der Arbeit ihres Instituts.

BESSER-SIEGMUND-INSTITUT
Mönckebergstraße 11
20095 Hamburg
Tel.: 040/3252849-0
Fax: 040/3252849-17
www.besser-siegmund.de
info@besser-siegmund.de

9

wingwave-Coaching

ist ein Kurzzeit-Coaching-Konzept zum Abbau von Leistungsstress und zur Stärkung Ihrer Kreativität und Konfliktstabilität. Ein Anwendungsbereich ist zum Beispiel das Sportcoaching – auch bei der Vorbereitung der Deutschen Handball-Nationalmannschaft zur WM 2007 wurde wingwave-Coaching erfolgreich eingesetzt.

Mehr Informationen zu den Methoden aus diesem Buch und Adressen von wingwave-Coaches finden Sie unter: www.wingwave.com

 Nutzen Sie den Free-Download der Demo-Musik „feelwave" (8 Minuten), um erste Erfahrungen mit der wingwave-Musik zu gewinnen. „feelwave" finden Sie im wingwave-Shop sowie in der kostenlosen wingwave-App.

9

Stichwortverzeichnis

10

Stichwortverzeichnis

10